高等学校电子与通信工程类专业"十二五"规划教材

数字逻辑与 EDA 设计
实验指导书

主　编　丁　磊　江志文　张海笑

主　审　林福宗

西安电子科技大学出版社

内 容 简 介

本书是《数字逻辑与 EDA 设计》的配套用书。全书共分 5 章：第 1 章主要介绍自主研发的能完全满足本课程实验需求的实验箱；第 2 章介绍基于实验箱的数字逻辑基本实验；第 3 章介绍基于实验箱的数字逻辑综合实验；第 4 章介绍数字逻辑基础设计、仿真及在实验箱上进行验证；第 5 章介绍数字逻辑综合设计、仿真及验证。书的最后还有 3 个附录，分别为 Actel A3P030 芯片资料、基于 Actel A3P030 的 FPGA 核心板引脚对应表以及 FPGA 扩展实验板设计说明。

本书适合计算机、信息、自动化、电子专业的本科生、研究生及从事数字电路设计的工程人员使用。

图书在版编目（CIP）数据

数字逻辑与 EDA 设计实验指导书/丁磊，江志文，张海笑主编.
—西安：西安电子科技大学出版社，2012.8(2014.7 重印)
高等学校电子与通信工程类专业"十二五"规划教材
ISBN 978–7–5606–2852–3

Ⅰ. ① 数… Ⅱ. ① 丁… ② 江… ③ 张… Ⅲ. ① 数字逻辑—高等学校—教学参考资料
② 电子电路—电路设计—计算机辅助设计—高等学校—教学参考资料 Ⅳ. ① TP302.2 ② TN702

中国版本图书馆 CIP 数据核字(2012)第 155562 号

策　　划　邵汉平
责任编辑　段　蕾　邵汉平
出版发行　西安电子科技大学出版社(西安市太白南路 2 号)
电　　话　(029)88242885　88201467　　　　邮　编　710071
网　　址　www.xduph.com　　　　　　电子邮箱　xdupfxb001@163.com
经　　销　新华书店
印刷单位　陕西光大印务有限责任公司
版　　次　2012 年 8 月第 1 版　　2014 年 7 月第 2 次印刷
开　　本　787 毫米×1092 毫米　1/16　印　张　12
字　　数　280 千字
印　　数　3001～6000 册
定　　价　21.00 元

ISBN 978–7–5606–2852–3/TP·1350

XDUP 3144001–2

如有印装问题可调换

前　言

　　"数字逻辑与 EDA 设计"课程的主要目的是使学生掌握设计数字逻辑电路必需的理论基础和基本方法，将理论与实践紧密结合是本课程的主要特点。编者长期工作在教学、科研一线，随着专业知识的不断增加，积累了大量的经验，现欲将这些经验与更多的人分享，于是编写了这本实验指导书。

　　本书是《数字逻辑与 EDA 设计》的配套用书，书中归纳了大量具有典型代表性的实验题目，并配有详细的分析及实验步骤。在内容上，既要完成经典的数字逻辑电路的验证与设计，又要完成现代流行的利用 EDA 工具进行的系统设计与验证；在难度上，既有最基本的简单验证实验，又有难度较高且较为实用的综合设计实验，以引导学生熟练掌握工具去设计更为复杂的电路。

　　本书由丁磊、江志文、张海笑主编，其中丁磊负责统稿，江志文负责主要编写及排版，张海笑负责实验的设计。冯永晋、林小平、邓杰航、李峥、张静等均对本书提出了宝贵的修改意见，研究生荣晶、肖丽萍、简芳完成了大量的插图绘制工作。

　　成书后有幸邀得清华大学计算机系林福宗教授审稿，林福宗教授在肯定教材内容的同时，提出了详细的修改意见，大至全书的结构，小至语言的措辞、排版等细节，使本书的整体水平得到了很大的提升。在此表示衷心的感谢。

　　由于编者水平有限，加之时间仓促，书中一定存在不少错误和不妥之处，敬请读者予以批评指正，以便今后不断改进。

　　编者电子邮件地址：gzeking@sina.com 。本书所附的工程文件可在 Http：//202.116.130.234 处下载。

编者
2012 年 3 月于广州

目　　录

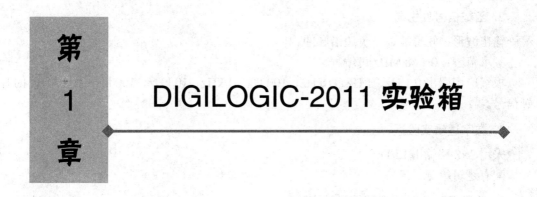

DIGILOGIC-2011 实验箱是专门为"数字逻辑与 EDA 设计"课程开发的实验平台，它将传统的芯片验证及其电路设计与基于 EDA 工具的数字逻辑设计实验整合到基于 FPGA 实现的实验平台中，并可以进行协同实验。

1.1　实验箱的性能特点

DIGILOGIC-2011 实验箱具备以下性能特点：

(1) 按照数字电路的基本分类及功能模块优化布局，接插便利。

(2) 所有芯片的引脚全部引出，便于进行测试，实验组合灵活多样。

(3) 将基于 FPGA 的数字逻辑实验整合于实验箱内，可以一对一地进行相关验证及实验。

(4) 基于 FPGA 的核心板可进行 10 万次烧录。

(5) 板级可编程逻辑信号、时钟信号、脉冲信号生成，使用更加方便。

(6) 配有逻辑笔，方便实验测试。

(7) 配有 Flash Pro4 专用烧录工具，可方便地将设计好的程序写入 FPGA 核心板中。

(8) 配备完整的使用说明书和实验例程。

1.2　实验箱的技术指标

1. 电源

输入：AC220V±10%

输出：DC+5V/3A

DC+3.3V/1A

DC+1.5V/1A

2. 逻辑状态生成

2×8 路开关控制逻辑 "0"、"1" 的生成。

3. 函数信号发生器

输出波形：矩形波、正负边沿脉冲。

频率范围：0～48 MHz 可编程。

板级应用引出 0.1 Hz、1 Hz、10 Hz、100 Hz、1 kHz、10 kHz、100 kHz 及 1 MHz 的时钟信号。

4. 数字逻辑实验区

采用 2×8 路输出 LED；

配有逻辑笔测试模块。

5. 基于 FPGA 的数字逻辑设计实验区

单片集成数字逻辑实验的所有芯片。

3×8+2 路开关控制输出 LED(可与数字逻辑实验进行协同验证并测试)。

1.3　实验箱介绍

1.3.1　实验箱的组成

本实验箱包括传统门电路模块、传统组合电路模块、传统时序电路模块、核心板模块或 FPGA 扩展实验板、波形发生电路模块、电源模块、输入/输出及显示模块等部分，其总体示意图如图 1-1 所示。

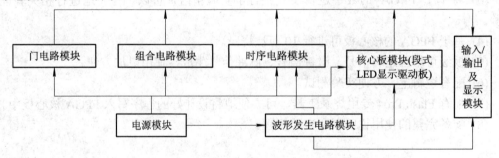

图 1-1　数字逻辑及系统设计实验箱结构示意图

1. 核心板模块

核心板上集成了只需 3.3 V 电源便可工作的 Actel FPGA A3P030 基本系统以及显示输出状态的 26 个红色 LED。FPGA 基本系统中包括了 A3P030、下载、复位、晶振时钟以及 1.5V 电源 5 个部分，具体标注请参考相关描述。

核心板根据不同的实验可以设计成四种形式：门电路核心板、组合电路核心板、时序电路核心板、扩展实验核心板，具体内容参看附录 B。扩展实验核心板是为了实现组合电路、时序电路及 EDA 设计的综合实验而设计的，详细介绍参看附录 B.2 "FPGA 扩展板引脚对应表"。

2. 门电路模块

门电路模块包括 74HC00(与非门)、74HC02(或非门)、74HC04(非门)、74HC08(与门)、74HC32(或门)及 74HC86(异或门)。

3. 组合电路模块

组合电路模块包括 74HC148(8-3 编码器)、74HC138(3-8 译码器)、74HC153(4 输入选择器)、74HC85(4 位比较器)和 74HC283(4 位加法器)。

4. 时序电路模块

时序逻辑电路模块包括 74HC74(D 触发器)、74HC112(JK 触发器)、74HC161(4 位同步置位计数器)、74HC194(4 位移位寄存器)。

5. 波形发生电路模块

波形电路发生模块输出 0.1 Hz、1 Hz、10 Hz、100 Hz、1 kHz、10 kHz、100 kHz 以及 1 MHz 的时钟信号共 8 路,按钮手动控制的单脉冲共两路。

6. 电源模块

电源电路从外部引入 DC 5V 电源,产生 3.3V 及 1.5 V 电源。

7. 输入/输出及显示模块

输入/输出模块提供了 2×8 路输入信号和 2×8 路输出信号及相应的 LED 显示,其中输入信号用红色 LED 显示,输出信号用绿色 LED 显示,各路信号均可独立显示。

输入信号可以通过拨动开关选择低电平(逻辑 0)、高电平(逻辑 1)或用连接线接入时钟信号(Clock)。输入信号可以通过连接线连接到主板上的基本门逻辑电路、组合逻辑电路以及时序逻辑电路中的任何一片芯片的信号输入引脚。而主板上各芯片的信号输出引脚也可以用连接线连接到信号输出显示电路。

另外,每一路输入信号都连接到 FPGA 的相应引脚,以方便进行数字逻辑设计在 FPGA 上的测试,并可直接与分立芯片的输出进行比较。FPGA 的输出信号可以通过集成在核心板上的拨码开关连接到相应的 LED。

8. 段式 LED 显示驱动板

段式 LED 显示驱动板提供了针对七段(74HC4511)或八段(七段+小数点)段式 LED 显示驱动的实验环境。详细内容将在 1.3.5 节进行介绍。

注:实验箱上每一片芯片的输入/输出引脚均用铜柱和排针同时引出,以便与其他引脚或器件进行连接,FPGA 的相关引脚也用铜柱和排针同时引出,整体布局如图 1-2 所示。

实际的 PCB 设计时,为了减小整个实验板的尺寸,采用共享核心板的方式,配合烧录器,将每次需要测试的模块烧录到核心板中。为了方便以后扩展,核心板设计成可插拔的形式,随时可以更换不同的核心板以配合不同的实验。

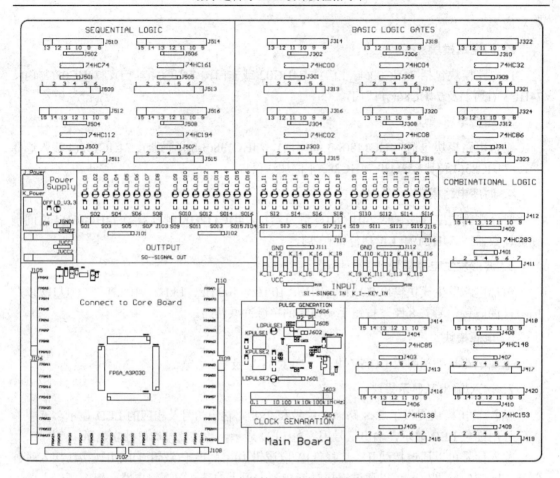

图 1-2　实验箱上引脚的整体布局

1.3.2　实验箱及电路板外观

实验箱外观及背面组件标注如图 1-3 及 1-4 所示，电路板实物图如图 1-5 所示。

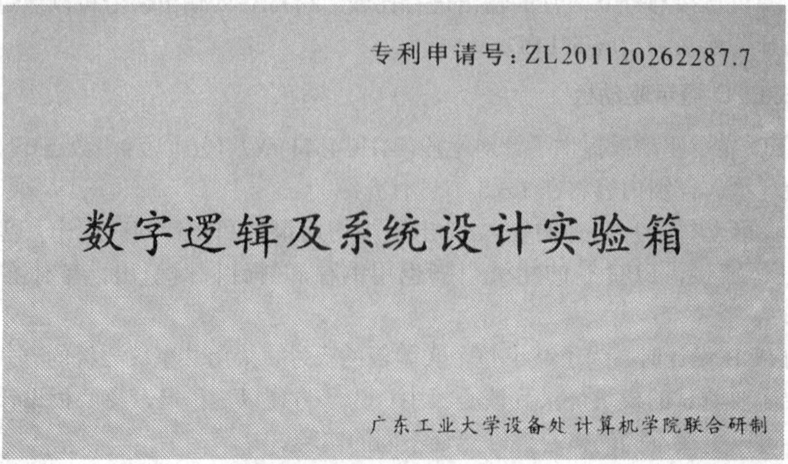

专利申请号：ZL201120262287.7

数字逻辑及系统设计实验箱

广东工业大学设备处 计算机学院联合研制

图 1-3　实验箱的外观

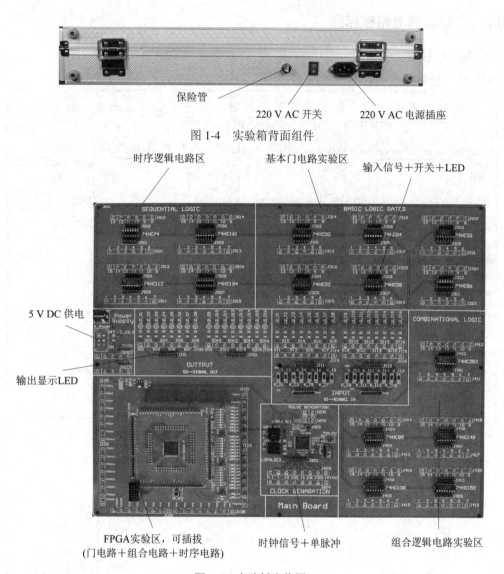

图 1-4　实验箱背面组件

图 1-5　电路板实物图

连接线及串级方法如图 1-6 所示。

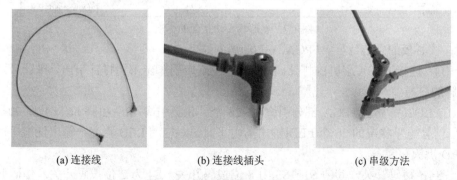

(a) 连接线　　　　　(b) 连接线插头　　　　　(c) 串级方法

图 1-6　连接线及串级方法示意图

1.3.3　实验箱的电路板标注

1. 核心板模块上的标注

(1) 核心板模块正面的标注如图 1-7 所示。各标注的意义介绍如下。

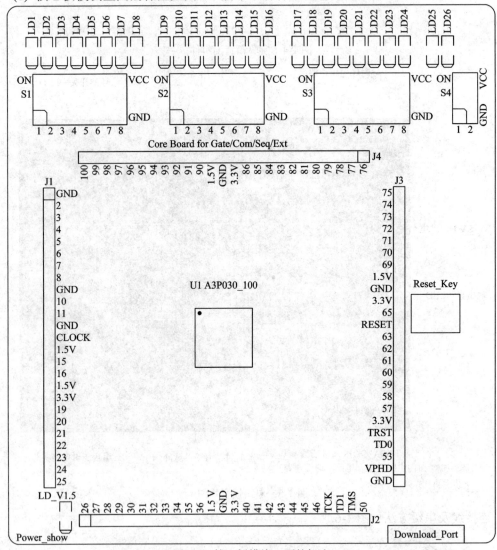

图 1-7　核心板模块正面的标注

U1：核心板的主芯片——FPGA(A3P030)。

J1~J4：连接 FPGA 引脚的排针。FPGA 的 100 个引脚全部用排针引出，排针旁边的标注为引脚的序号。

LD1~LD26：显示 FPGA 部分引脚(共 26 个，包括引脚 72~引脚 86、引脚 90~引脚 100)输出信号电平状况的 26 个 LED(输出高电平时，对应的 LED 点亮；输出低电平时，对应的 LED 熄灭)。

S1~S4：拨码开关，其中 S1~S3 为 8 位拨码开关，S4 为 2 位拨码开关。拨码开关用于控制 LED 的通断——当某位开关被拨向 VCC 一侧时，对应的 LED 被接通，可用于显示对应引脚的输出电平状况；当某位开关被拨向 GND 一侧时，对应的 LED 被断开，不能用于显示对应引脚的输出电平状况。

Reset_Key：复位按键。

Download_Port：下载接口(元件装在核心板的背面)。

Power_show：1.5V 电源指示 LED(LD_V1.5)。

其他标注是为了方便 PCB 做板及实验板维护而留，在此不做解释。

FPGA 引脚与 LED 及拨码开关位的对应关系如表 1-1 所示。

表 1-1　FPGA 引脚与 LED 及拨码开关位的对应关系

FPGA 引脚	LED	拨码开关位	FPGA 引脚	LED	拨码开关位	FPGA 引脚	LED	拨码开关位
FPGA_100	LD1	S1_1	FPGA_91	LD10	S2_2	FPGA_79	LD19	S3_3
FPGA_99	LD2	S1_2	FPGA_90	LD11	S2_3	FPGA_78	LD20	S3_4
FPGA_98	LD3	S1_3	FPGA_86	LD12	S2_4	FPGA_77	LD21	S3_5
FPGA_97	LD4	S1_4	FPGA_85	LD13	S2_5	FPGA_76	LD22	S3_6
FPGA_96	LD5	S1_5	FPGA_84	LD14	S2_6	FPGA_75	LD23	S3_7
FPGA_95	LD6	S1_6	FPGA_83	LD15	S2_7	FPGA_74	LD24	S3_8
FPGA_94	LD7	S1_7	FPGA_82	LD16	S2_8	FPGA_73	LD25	S4_1
FPGA_93	LD8	S1_8	FPGA_81	LD17	S3_1	FPGA_72	LD26	S4_2
FPGA_92	LD9	S2_1	FPGA_80	LD18	S3_2			

(2) 核心板背面的标注也是为了方便 PCB 做板及实验板维护而留，在此不做解释。

2. 主板标注

(1) 基本门逻辑电路部分标注如图 1-8 所示，每片芯片右边都有标注该芯片的名称。其中 J301～J312 为对应(元件旁边)芯片的信号输入/输出引脚的排针；J313～J324 为对应(元件旁边)芯片的信号输入/输出引脚的接线铜柱，每排接线铜柱由 6 个独立的接线铜柱构成。接线铜柱旁边标注的数字为接线铜柱对应芯片的引脚序号。

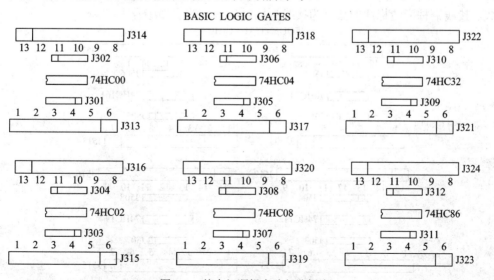

图 1-8　基本门逻辑电路部分标注

(2) 组合逻辑电路部分的标注如图 1-9 所示,每片芯片右边都有标注该芯片的名称。其中:J401～J410 为对应(元件旁边)芯片的信号输入/输出引脚的排针;J411～J420 为对应(元件旁边)芯片的信号输入/输出引脚的接线铜柱,每排接线柱由 7 个独立的接线铜柱构成。接线铜柱旁边标注的数字为接线铜柱对应芯片的引脚序号。

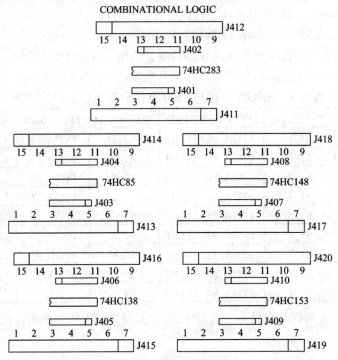

图 1-9　组合逻辑电路部分标注

(3) 时序逻辑电路部分的标注如图 1-10 所示,每片芯片右边都有标注该芯片的名称。其中:J501～J508 为对应(元件旁边)芯片的信号输入/输出引脚的排针;J509～J516 为对应(元件旁边)芯片的信号输入/输出引脚的接线铜柱,每排接线铜柱由 6 个或 7 个独立的接线铜柱构成。接线铜柱旁边标注的数字为接线铜柱对应芯片的引脚序号。

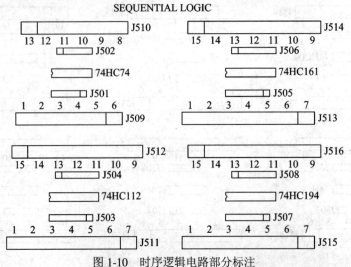

图 1-10　时序逻辑电路部分标注

(4) 信号输入电路部分标注如图 1-11 所示，其中各部分的功能说明如下：

LD_I1～LD_I16：指示输入信号电平状况的 16 个 LED。

J111～J112：输入信号接线排针。

J113～J116：输入信号接线铜柱。每排接线铜柱由 8 个独立的接线铜柱构成。

K_I1～K_I16：拨码开关，用于选择输入电平——当某位开关被拨向 VCC 一侧时，其对应位输入高电平；当某位开关被拨向 GND 一侧时，其对应位输入低电平。

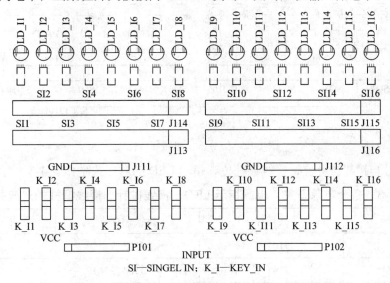

图 1-11　信号输入电路部分标注

输入信号与拨码开关位、接线排针位、接线铜柱位、指示 LED 的对应关系如表 1-2 所示。

表 1-2　各个电源开关、电源指示 LED、接线排针、接线铜柱的对应关系

输入信号	拨码开关位	接线排针位	接线铜柱位	指示 LED
SI1	K_I1	J111_8	J113_8、J114_8	LD_I1
SI2	K_I2	J111_7	J113_7、J114_7	LD_I2
SI3	K_I3	J111_6	J113_6、J114_6	LD_I3
SI4	K_I4	J111_5	J113_5、J114_5	LD_I4
SI5	K_I5	J111_4	J113_4、J114_4	LD_I5
SI6	K_I6	J111_3	J113_3、J114_3	LD_I6
SI7	K_I7	J111_2	J113_2、J114_2	LD_I7
SI8	K_I8	J111_1	J113_1、J114_1	LD_I8
SI9	K_I9	J112_8	J115_8、J116_8	LD_I9
SI10	K_I10	J112_7	J115_7、J116_7	LD_I10
SI11	K_I11	J112_6	J115_6、J116_6	LD_I11
SI12	K_I12	J112_5	J115_5、J116_5	LD_I12
SI13	K_I13	J112_4	J115_4、J116_4	LD_I13
SI14	K_I14	J112_3	J115_3、J116_3	LD_I14
SI15	K_I15	J112_2	J115_2、J116_2	LD_I15
SI16	K_I16	J112_1	J115_1、J116_1	LD_I16

(5) 信号输出电路部分的标注如图 1-12 所示，其中各部分的功能说明如下：

LD_O1～LD_O16：指示输出信号电平状况的 16 个 LED。

J101～J102：输出信号接线排针。

J103～J104：输出信号接线铜柱。每排接线铜柱由 8 个独立的接线铜柱构成。

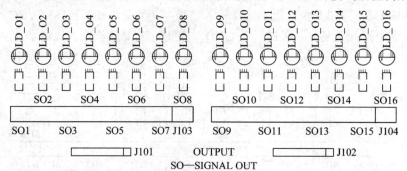

图 1-12　信号输出电路部分标注

输出信号与接线排针位、接线铜柱位、指示 LED 的对应关系如表 1-3 所示。

表 1-3　各个电源开关、电源指示 LED、接线排针、接线铜柱的对应关系

输出信号	接线排针位	接线铜柱位	指示 LED
SO1	J101_8	J103_8	LD_O1
SO2	J101_7	J103_7	LD_O2
SO3	J101_6	J103_6	LD_O3
SO4	J101_5	J103_5	LD_O4
SO5	J101_4	J103_4	LD_O5
SO6	J101_3	J103_3	LD_O6
SIO7	J101_2	J103_2	LD_O7
SO8	J101_1	J103_1	LD_O8
SO9	J102_8	J104_8	LD_O9
SO10	J102_7	J104_7	LD_O10
SO11	J102_6	J104_6	LD_O11
SO12	J102_5	J104_5	LD_O12
SO13	J102_4	J104_4	LD_O13
SO14	J102_3	J104_3	LD_O14
SO15	J102_2	J104_2	LD_O15
SO16	J102_1	J104_1	LD_O16

(6) 电源电路部分的标注如图 1-13 所示，其中各部分功能说明如下：

J_Power：外部 5 V 电源接头。

K_Power：5 V 电源开关。拨向 ON 一侧时接通 5 V 电源，拨向 OFF 一侧时断开 5 V 电源。

LD_V3.3：3.3 V 电源指示 LED。

JGND1：GND 接线排针。

JGND2：GND 接线铜柱，每排接线铜柱由 5 个独立的接线铜柱构成。

JVCC1：VCC(3.3 V)接线排针。

JVCC2：VCC(3.3 V)接线铜柱，每排接线铜柱由 5 个独立的接线铜柱构成。

(7) 核心板接口电路部分的标注如图 1-14 所示，其中各部分功能说明如下：

CON01～CON04：核心板接口。

J105～J110：连接到 A3P030(FPGA) 的部分引脚的信号输入接线铜柱，每排接线铜柱由 6 个或 8 个独立的接线铜柱构成，铜柱旁边的标注为对应的 FPGA 引脚。

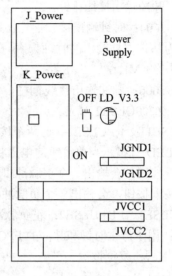

图 1-13　电源电路部分标注

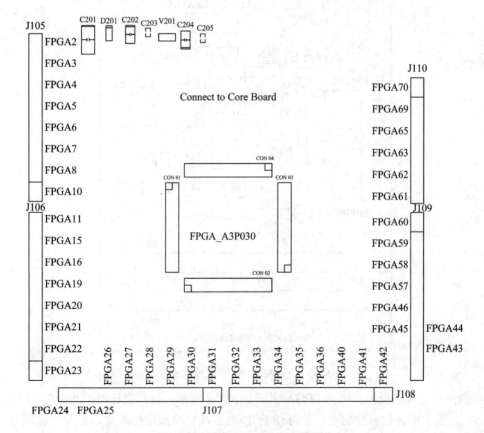

图 1-14　核心板接口电路部分标注

(8) 时钟和脉冲产生电路部分的标注如图 1-15 所示，其中各部分功能说明如下：

J601：时钟输出接线排针。

J602：脉冲输出接线排针。

J603、J604：时钟输出接线铜柱，每排接线铜柱由 8 个独立的接线铜柱构成。铜柱旁边标注的为从该铜柱输出的时钟频率，分别是 0.1 Hz、1 Hz、10 Hz、100 Hz、1 kHz、10 kHz、100 kHz 以及 1 MHz，一共 8 路。

J605、J606：脉冲输出接线铜柱，每排接线铜柱由两个独立的接线铜柱构成，分别跟 KPULSE1 及 KPULSE2 对应。

KPULSE1 及 KPULSE2：这两个按钮既可以输出正脉冲，也可以输出负脉冲，相应按钮旁边的 LED 灯指示当前按钮的电平状态。如果 LED 灯不亮，表示目前脉冲输出为低电平，若按下按钮，会输出一个正脉冲(即上升沿)；如果 LED 灯亮，表示目前脉冲输出为高电平，若按下按钮，会输出一个负脉冲(即下降沿)。

LDPULSE1、LDPULSE2：正负脉冲生成指示 LED。

U601：用于产生时钟和脉冲的 FPGA(A3P030)。

Reset_Key：复位按键。

Download_Port：下载接口。

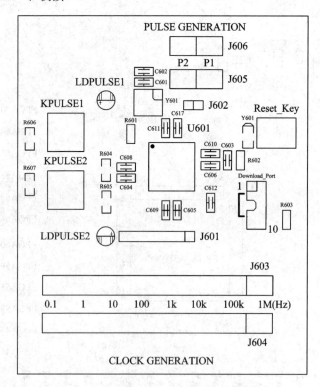

图 1-15　时钟和脉冲产生电路部分标注

特别注意：核心板已占用的 FPGA 引脚如表 1-4 所示，自行设计时禁止分配相关引脚。

(9) 主板上的其他标注均是为了方便 PCB 做板及实验板维护而留，在此不做解释。

表 1-4　核心板已占用的 FPGA 引脚

序号	标注	FPGA 引脚	功能
1	CLOCK	13	FPGA 时钟输入
2	RESET	64	FPGA 复位信号
3	GND	12	接地
4	TCK	47	烧录所需的下载端口
5	TDO	54	烧录所需的下载端口
6	TMS	49	烧录所需的下载端口
7	TDI	48	烧录所需的下载端口
8	TEST	55	烧录所需的下载端口

1.3.4　数码管电路模块说明

LN3461Ax 是共阴极八段显示数码管，其逻辑图如图 1-16 所示。

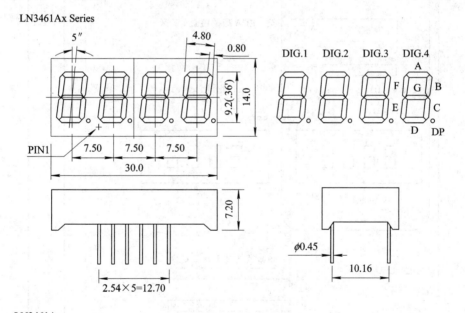

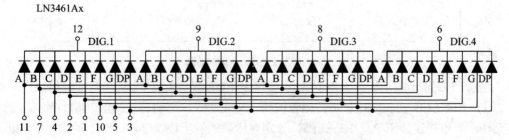

图 1-16　共阴极八段显示数码管逻辑图

其中，每个数码管的 8 个段 A、B、C、D、E、F、G、DP 都分别连在一起，4 个数码管分别由 4 个选通信号 DIG.1、DIG.2、DIG.3、DIG.4 来选择。被选通的数码管显示数据，其余关闭。如在某一时刻，DIG.1 为低电平，这时仅 DIG.1 对应的数码管显示来自段信号端的数据，而其他数码管均不显示。如某一时刻，DIG.1、DIG.2、DIG.3、DIG.4 中有几个为低电平，则相应的数码管会显示相同的内容。因此，如果希望在 4 个数码管显示不同的数据，就必须使得 4 个选通信号 DIG.1、DIG.2、DIG.3、DIG.4 轮流被单独选通，同时，在段信号输入口加上希望在对应数码管上显示的数据，这样随着选通信号的变化，就能实现扫面显示的目的(经验数据为扫描频率大于等于 50 Hz)。

1.3.5 段式 LED 显示驱动板

段式 LED 显示驱动板是为了实现七段或八段 LED 驱动实验而设计的，驱动板的布局如图 1-17 所示。

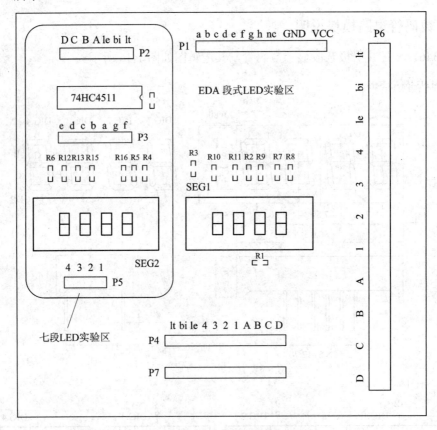

图 1-17 显示驱动板布局图

段式 LED 显示驱动板由七段 LED 实验区及 EDA 段式 LED 实验区两部分组成。

(1) 七段 LED 实验区：包括数码管模块 LN3461Ax、驱动芯片 74HC4511 及必需的阻容元件，预留接线插座 P2、P3 和 P5，分别对应数码管模块及 74HC4511 的输入、输出和控制端子。

(2) EDA 段式 LED 实验区：包括数码管模块 LN3461Ax、必需的阻容元件及与 FPGA

核心板连接的插座 P1、P4、P6、P7，其中 P1 与 P4 是预留的实验插座，用于连接适当的输入、输出及控制信号，P6 和 P7 是与核心板对插的连接端子。该实验区主要用于基于 EDA 设计的 LED 驱动验证。

1.3.6　FPGA 扩展实验板设计

在本书后边所介绍的一些综合实验中，需要使用到本实验箱所提供的分立芯片以外的芯片，这就需要用到 FPGA 核心板来扩展相应的功能。只要利用 EDA 工具进行设计，再配合烧录器，就可以将实验所需用到的芯片用 FPGA 核心板来替代。

本书的实验需要扩展使用的芯片主要有 74HC4511、74HC161、74HC74、74HC138、74HC194 这几个，FPGA 扩展实验板的具体设计方法请参见附录 C。

1.4　实验箱使用说明

1. 逻辑输入部分

所有芯片的输入信号均来自信号输入(INPUT)电路。信号输入电路部分的详细说明请参考本章实验箱标注部分关于信号输入电路的标注说明。

要进行信号输入时，只需用连接线将信号输入电路中的 SI1～SI16 中任意一路的接线铜柱(或接线排针)与需要输入信号芯片引脚对应的接线铜柱(或接线排针)连起来，然后拨动相应的拨码开关，便可在芯片引脚上输入逻辑"1"或"0"，同时对应的指示 LED 会被点亮或熄灭。

示例 1：将信号输入电路中的第一路(SI1)的接线铜柱(J113_8)连接到 74HC00 芯片的第一个引脚(该引脚为输入引脚)的接线铜柱(J313_1)，然后将拨码开关 SI1 拨向 VCC 一侧，即可在该引脚上输入电平"1"，同时 LD_I1 会被点亮；将拨码开关 SI1 拨向 GND 一侧，即可在该引脚上输入电平"0"，同时 LD_I1 会被熄灭。

示例 2：将信号输入电路中的第一路(SI1)的接线铜柱(J113_8)连接到 FPGA 的引脚 2(该引脚为输入引脚)的接线铜柱(J105_FPGA2)，然后将拨码开关 SI1 拨向 VCC 一侧，即可在该引脚上输入电平"1"，同时 LD_I1 会被点亮；将拨码开关 SI1 拨向 GND 一侧，即可在该引脚上输入电平"0"，同时 LD_I1 会被熄灭。

2. 时钟信号部分

板上所有芯片需要输入的时钟信号均来自时钟产生(CLOCK GENERATION)电路。时钟产生电路部分的详细说明请参考本章实验箱标注部分关于时钟产生电路的标注说明。

要进行时钟输入时，根据需要用连接线将时钟产生电路中的 8 路时钟中的某一路接线铜柱(或接线排针)与需要输入时钟的芯片引脚对应的接线铜柱(或接线排针)连起来便可。

示例 3：将时钟产生电路中的第一路(0.1)的接线铜柱(J603_0.1)连接到 74HC74 芯片的第三个引脚(该引脚为时钟输入引脚)的接线铜柱(J509_3)，即可在该引脚上输入频率为 0.1Hz 的时钟信号。

3. 单脉冲输入部分

板上所有芯片需要输入的脉冲信号均来自脉冲产生(PULSE GENERATION)电路。脉冲产生电路部分的详细说明请参考本章实验箱标注部分关于脉冲产生电路的标注说明。

要进行脉冲输入时，根据需要用连接线将脉冲产生电路中的单脉冲的接线铜柱(或接线排针)与需要输入脉冲的芯片引脚对应的接线铜柱(或接线排针)连起来，然后按一下脉冲输出按钮，便可在芯片引脚输入一个脉冲。同时对应的脉冲生成指示 LED 会发生变化(如果之前是亮的，那么 LED 将灭掉；如果之前是灭的，那么 LED 将被点亮)。

示例 4：将脉冲产生电路中 KPULSE2 脉冲的接线铜柱(J605_1)连接到 74HC74 芯片的第一个引脚(该引脚为清零输入引脚)的接线铜柱(J509_1)，然后按一下按键 KPULSE2，即可在该引脚上输入一个脉冲信号，同时 LDPULSE2 会由点亮到熄灭，或由熄灭到点亮。

4. 逻辑输出部分

核心板的逻辑输出显示集成在核心板上，详细说明请参考本章实验箱标注部分关于核心板电路的标注说明。

需要对核心板输出的信号进行显示时，只需将对应引脚的拨码开关拨向 VCC 一侧，接通对应的 LED，即可在对应的 LED 上观察到输出信号的逻辑状态。

示例 5：将核心板上的拨码开关 SI1 拨向 VCC 一侧，即可在 LD1 上观察到 FPGA 的第100 号引脚输出信号的电平状况，输出为"1"时，LD1 被点亮，输出为"0"时，LD1 被熄灭。

主板上的逻辑输出均需连接到信号输出(OUTPUT)电路，信号输出电路部分的详细说明请参考本章实验箱标注部分关于信号输出电路的标注说明。

需要观察主板上输出信号的逻辑状态时，只需把需要输出信号的芯片引脚对应的接线铜柱(或接线排针)用连接线连接到信号输出电路中的 SO1～SO16 中的任意一路的接线铜柱(或接线排针)，便可在对应的 LED 上观察到输出信号的逻辑状态。

示例 6：将信号输出电路中的第一路(SO1)的接线铜柱(J103_8)连接到 74HC00 芯片的第三个引脚(该引脚为输出引脚)的接线铜柱(J13_3)，即可在 LD_O1 上观察到该引脚的输出信号的电平状况，输出为"1"时，LD_O1 被点亮，输出为"0"时，LD_O1 被熄灭。

5. 逻辑笔的使用

(1) 将红色鳄鱼夹夹在要测试电路的正极，黑色鳄鱼夹夹在负极。

(2) 将测试开关推向 CMOS 一边，然后将逻辑笔的探针接触所要测试的一点，逻辑笔上的发光二极管会显示该点的状态如下：

全部发光二极管不亮——高阻抗；

红色发光二极管亮——逻辑"1"；

绿色发光二极管亮——逻辑"0"；

橙色发光二极管亮——脉冲。

(3) 如测试并存储脉冲或电压边沿，先将逻辑笔下方的选择开关推向"PULSE"一边，用逻辑笔的探针接触所要测试的一点，则发光二极管会显示该点的原有状态。然后将该选择开关推向"MEM"一边，如逻辑笔测到有脉冲出现或电压边沿，橙色发光二极管会长亮，与前述原有状态比较，即可知脉冲的方向。之后须将该选择开关推回"PULSE"一边，以便重复操作。

6. 实验箱使用注意事项

在实验箱的使用过程中应注意以下几点：

(1) 任意一个芯片引脚的信号输入端要么接来自信号输入电路的信号，要么接时钟信号或脉冲信号，要么接来自其他芯片的输出信号。不可以在一个输入引脚上同时输入两个或以上的信号。

(2) 信号输出电路 SO1～SO16 中的任意一路，在任何时候只能观察一路输出信号的逻辑状态，不可以把两路或两路以上的输出信号同时连接到 SO1～SO16 中的某一路。

(3) 信号输入电路 SI1～SI16 中的任意一路都可以同时为两个以上的芯片输入引脚提供输入信号。

(4) 做任何一个实验时，都不可以把来自信号输入(INPUT)电路的信号接到芯片的信号输出引脚。

(5) 做完实验后应切断总电源。

第2章 基于实验箱的数字逻辑实验

2.1　基本门电路

2.1.1　实验目的

(1) 了解基本门电路的主要用途以及验证它们的逻辑功能。

(2) 熟悉数字电路实验箱的使用方法。

2.1.2　实验仪器及器件

(1) DIGILOGIC-2011 数字逻辑及系统设计实验箱。

(2) 逻辑笔、示波器、数字万用表。

(3) 器件：74HC00、74HC02、74HC04、74HC08、74HC32、74HC86。

2.1.3　实验原理

数字电路研究的对象是电路的输入与输出之间的逻辑关系，这些逻辑关系是由逻辑门电路的组合来实现的。门电路是数字电路的基本逻辑单元。要实现基本逻辑运算和复合逻辑运算，可用这些单元电路(门电路)进行搭建。门电路以输入量作为条件，以输出量作为结果，输入量与输出量之间满足某种逻辑关系(即"与、或、非、异或"等关系)。

电路输入量与输出量均为二值逻辑的"1"和"0"两种逻辑状态。实验中将高、低电平分别表示为正逻辑的"1"和"0"两种状态。

输出端的"1"和"0"两种逻辑状态可用两种方法判定：①将电路的输出端接实验仪的某一位 LED，当某一位的 LED 灯亮时，该位输出高电平，表示逻辑"1"；LED 灯不亮时，输出低电平，表示逻辑"0"。②用逻辑笔可以测量输出端的逻辑值。

2.1.4　实验内容

1. 74HC00

在实验板上找到 74HC00(四 2 输入与非门)芯片，输入端 1A、1B，即引脚 1 和 2，分别接拨码开关 SI1、SI2。拨动开关至 VCC 侧，相应的 LED 亮时表示输入为高电平，即逻辑 "1"；拨动开关至 GND 侧，相应的 LED 不亮时表示输入低电平，即逻辑 "0"。输出端 1Y，即引脚 3 接 LED 灯 LD_O1(亮为高电平 "1"，灭为低电平 "0")。74HC00 的引脚与逻辑图如图 2-1 所示。

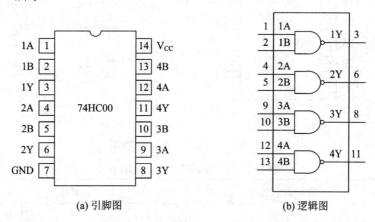

(a) 引脚图   (b) 逻辑图

图 2-1   74HC00 引脚及逻辑图

将输入的开关按表 2-1 置位，观察输出端 LED 的状态，用逻辑笔测量输出状态(可以选用任意的输入输出组合)。

按照表 2-1 的要求，在输入端拨动拨码开关 SI1、SI2，记录输出端 1Y 的结果，并填入表中。

表 2-1   74HC00 输入/输出状态

输入端		输出端 Y	
A	B	LED(亮/灭)	逻辑状态
0	0		
0	1		
1	0		
1	1		

2. 74HC02

在实验板上找到 74HC02(四 2 输入或非门)芯片，输入端 1A、1B，即引脚 2 和 3，分别接拨码开关 SI1、SI2。拨动开关至 VCC 侧，相应的 LED 亮时表示输入为高电平，即逻辑 "1"；拨动开关至 GND 侧，相应的 LED 不亮时表示输入低电平，即逻辑 "0"。输出端 1Y，即引脚 1 接 LED 灯 LD_O1(亮为高电平 "1"，灭为低电平 "0")。74HC02 的引脚与逻辑图如图 2-2 所示。

将输入的开关按表 2-2 置位，观察输出端 LED 的状态，用逻辑笔测量输出状态(可以选用任意的输入输出组合)。

按照表 2-2 的要求，在输入端拨动拨码开关 SI1、SI2，记录输出端 1Y 的结果，并填入表中。

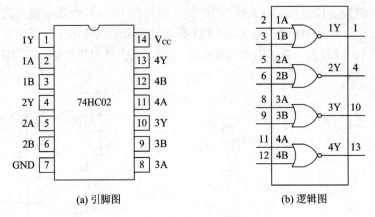

(a) 引脚图　　　　　　　　　(b) 逻辑图

图 2-2　74HC02 引脚及逻辑图

表 2-2　74HC02 输入/输出状态

输入端		输出端 Y	
A	B	LED(亮/灭)	逻辑状态
0	0		
0	1		
1	0		
1	1		

3. 74HC04

在实验板上找到 74HC04(六反相器)芯片,输入端 1A,即引脚 1 接拨码开关 SI1。拨动开关至 VCC 侧,相应的 LED 亮时表示输入为高电平,即逻辑"1";拨动开关至 GND 侧,相应的 LED 不亮时表示输入低电平,即逻辑"0",输出端 1Y,即引脚 2 接 LED 灯 LD_O1(亮为高电平"1",灭为低电平"0")。74HC04 的引脚与逻辑图如图 2-3 所示。

将输入的开关按表 2-3 置位,观察输出端 LED 的状态,用逻辑笔测量输出状态(可以选用任意的输入输出组合)。

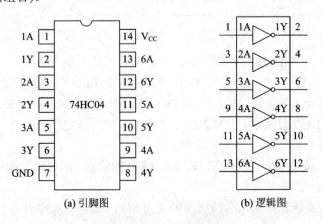

(a) 引脚图　　　　　　　　　(b) 逻辑图

图 2-3　74HC04 引脚及逻辑图

按照表 2-3 的要求，在输入端拨动拨码开关 SI1，记录输出端(1Y)的结果，并填入表中。

表 2-3　74HC04 输入/输出状态

输入端	输出端 Y	
A	LED(亮/灭)	逻辑状态
0		
1		

4. 74HC08

在实验板上找到 74HC08(四 2 输入与门)芯片，输入端 1A、1B，即引脚 1 和 2，分别接拨码开关 SI1、SI2。拨动开关至 VCC 侧，相应的 LED 亮时表示输入为高电平，即逻辑"1"；拨动开关至 GND 侧，相应的 LED 不亮时表示输入低电平，即逻辑"0"。输出端 1Y，即引脚 3 接 LED 灯 LD_O1(亮为高电平"1"，灭为低电平"0")。74HC08 的引脚与逻辑图如图 2-4 所示。

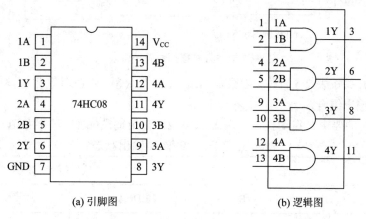

(a) 引脚图　　　　　　　　(b) 逻辑图

图 2-4　74HC08 引脚及逻辑图

将输入的开关按表 2-4 置位，观察输出端 LED 的状态，用逻辑笔测量输出状态(可以选用任意的输入输出组合)。

按照表 2-4 的要求，拨动拨码开关 SI1、SI2，记录输出端 1Y 的结果，并填入表中。

表 2-4　74HC08 输入/输出状态

输入端		输出端 Y	
A	B	LED(亮/灭)	逻辑状态
0	0		
0	1		
1	0		
1	1		

5. 74HC32

在实验板上找到 74HC32(四 2 输入或门)芯片，输入端 1A、1B，即引脚 1 和 2，分别接拨码开关 SI1、SI2。拨动开关至 VCC 侧，相应的 LED 亮时表示输入为高电平，即逻辑"1"；拨动开关至 GND 侧，相应的 LED 不亮时表示输入低电平，即逻辑"0"。输出端 1Y，即引脚 3 接 LED 灯 LD_O1(亮为高电平"1"，灭为低电平"0")。74HC32 的引脚与逻辑图如图 2-5 所示。

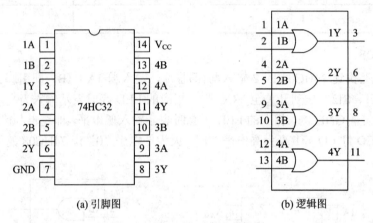

(a) 引脚图　　　　　　　　　　(b) 逻辑图

图 2-5　74HC32 引脚及逻辑图

将输入的开关按表 2-5 置位，观察输出端 LED 的状态，用逻辑笔测量输出状态(可以选用任意的输入输出组合)。

按照表 2-5 的要求，拨动拨码开关 SI1、SI2，记录输出端 1Y 结果并填入表中。

表 2-5　74HC32 输入/输出状态

输入端		输出端 Y	
A	B	LED(亮/灭)	逻辑状态
0	0		
0	1		
1	0		
1	1		

6. 74HC86

在实验板上找到 74HC86(四 2 输入异或门)芯片，输入端 1A、1B，分别接拨码开关 SI1、SI2。拨动开关至 VCC 侧，相应的 LED 亮时表示输入为高电平，即逻辑"1"；拨动开关至 GND 侧，相应的 LED 不亮时表示输入低电平，即逻辑"0"。输出端 1Y，即引脚 3 接 LED 灯 LD_O1(亮为高电平"1"，灭为低电平"0")。74HC86 的引脚与逻辑图如图 2-6 所示。

将输入的开关按表 2-6 置位，观察输出端 LED 的状态，用逻辑笔测量输出状态(可以选用任意的输入输出组合)。

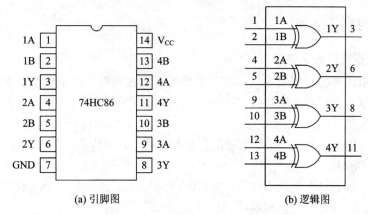

(a) 引脚图   (b) 逻辑图

图 2-6 74HC86 引脚及逻辑图

按照表 2-6 的要求，拨动拨码开关 SI1、SI2，记录输出端 1Y 的结果，并填入表中。

表 2-6 74HC86 输入/输出状态

输入端		输出端 Y	
A	B	LED(亮/灭)	逻辑状态
0	0		
0	1		
1	0		
1	1		

2.1.5 实验报告要求

写出以上各个基本门电路的逻辑表达式，并画出对应的真值表。

2.2 门电路综合实验

2.2.1 实验目的

(1) 进一步理解基本门电路的逻辑功能。
(2) 掌握利用基本门电路来实现具体电路的方法。
(3) 掌握电路变换的方法。

2.2.2 实验仪器及器件

(1) DIGILOGIC-2011 数字逻辑及系统设计实验箱。
(2) 逻辑笔、示波器、数字万用表。
(3) 器件：74HC00、74HC02、74HC04、74HC08、74HC32、74HC86。

2.2.3　实验内容

1. 举重比赛裁判表决电路

设计一举重比赛的裁判表决电路。举重比赛有三名裁判,以少数服从多数的原则确定最终判决。根据举重比赛的判决规则分析,将三名裁判的判决信号作为输入信号,最终判决结果作为输出信号。

设定变量:用 A、B、C 三个变量作为输入变量,分别代表裁判 1、裁判 2、裁判 3,用 Y 代表最终判决结果。

状态赋值:对于输入变量的取值,用"0"表示失败,用"1"表示成功;对于输出值,用"0"表示失败,用"1"表示成功。

方案一:

化简得出逻辑函数为

$$Y = AB + BC + AC$$

若采用与门和或门,则逻辑图如图 2-7 所示。因为实验箱上的或门都是 2 输入门,所以该电路的逻辑图需要改成如图 2-8 所示。

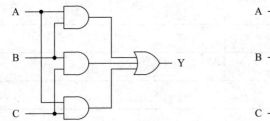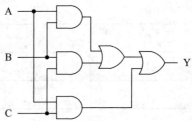

图 2-7　用与门和或门构成的逻辑图　　图 2-8　用 2 输入与门和 2 输入或门构成的逻辑图

拨码开关 SI1、SI2、SI3 分别表示电路中的 A、B、C 三个输入信号。拨动开关至 VCC 侧,相应 LED 亮时表示输入为高电平,即逻辑"1";拨动开关至 GND 侧,相应 LED 不亮时表示输入低电平,即逻辑"0"。拨码开关 SI1 分别接 74HC08(四 2 输入与门)芯片的 1A、3A(即引脚 1、9)。(要注意:拨码开关 SI1 同时要接到 74HC08 芯片的两个引脚,可分别用 SI1 两个串联的接线铜柱,也可以用如图 1-6(c)所示的方法来连接。在后边的实验中凡是涉及到类似的接线需要,都可以采用这样的方法。)拨码开关 SI2 分别接 74HC08 芯片的 1B、2B(即引脚 2、5)。拨码开关 SI3 分别接 74HC08 芯片的 2A、3B(即引脚 4、10)。74HC08 芯片的 1Y、2Y(即引脚 3、6)分别接 74HC32(四 2 输入或门)芯片的 1A、1B(即引脚 1、2)。74HC08 芯片的 3Y(即引脚 8)、74HC32 芯片的 1Y(即引脚 3)分别接 74HC32 芯片的 2A、2B(即引脚 4、5)。74HC32 芯片的 2Y(即引脚 6)即本电路最终的输出 Y 信号,接 LED 灯 LD_O1(亮为高电平"1",灭为低电平"0")。

将输入的开关按表 2-7 置位,观察输出端 LED 的状态,用逻辑笔测量输出状态(可以选用任意的输入/输出组合)。

按照表 2-7 的要求,拨动拨码开关 SI1、SI2、SI3,记录 74HC32 芯片输出端 2Y 的结果,并填入表中。

表 2-7　举重比赛裁判表决电路输入/输出状态(方案一)

输入端			输出端
A	B	C	Y
0	0	0	
0	0	1	
0	1	0	
0	1	1	
1	0	0	
1	0	1	
1	1	0	
1	1	1	

方案二:

若采用与非门来实现该电路,可将逻辑函数的形式转换为

$$Y = \overline{\overline{AB + BC + AC}}$$
$$= \overline{\overline{AB} \cdot \overline{BC} \cdot \overline{AC}}$$

方案二的逻辑图如图 2-9 所示。因为实验箱上的 74HC00(四 2 输入与非门)芯片只有四个 2 输入与非门,所以该电路的逻辑图需要改成如图 2-10 所示。

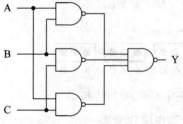

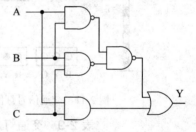

图 2-9　用与非门构成的逻辑图　　　　图 2-10　用 2 输入与非门构成的逻辑图

拨码开关 SI1、SI2、SI3 分别表示电路中的 A、B、C 三个输入信号。拨动开关至 VCC侧,相应的 LED 亮时表示输入为高电平,即逻辑"1";拨动开关至 GND 侧,相应的 LED不亮时表示输入低电平,即逻辑"0"。拨码开关 SI1 分别接 74HC00(四 2 输入与非门)芯片的 1A(即引脚 1)、74HC08(四 2 输入与门)芯片的 1A(即引脚 1)。拨码开关 SI2 分别接 74HC00芯片的 1B、2B(即引脚 2、5)。拨码开关 SI3 分别接 74HC08 芯片的 1B(即引脚 2)、74HC00芯片的 2A(即引脚 4)。74HC00 芯片的 1Y、2Y(即引脚 3、6)分别接 74HC00 芯片的 3A、3B(即引脚 9、10)。74HC00 芯片的 3Y(即引脚 8)、74HC08 芯片的 1Y(即引脚 3)分别接 74HC32芯片的 1A、1B(即引脚 1、2)。74HC32 芯片的 1Y(即引脚 3)即本电路最终的输出 Y 信号,接 LED 灯 LD_O1(亮为高电平"1",灭为低电平"0")。

将输入的开关按表 2-8 置位,观察输出端 LED 的状态,用逻辑笔测量输出状态(可以选

用任意的输入/输出组合)。

按照表 2-8 的要求,拨动拨码开关 SI1、SI2、SI3,记录 74HC32 芯片输出端 1Y 的结果,并填入表中。

表 2-8 举重比赛裁判表决电路输入/输出状态(方案二)

输入端			输出端
A	B	C	Y
0	0	0	
0	0	1	
0	1	0	
0	1	1	
1	0	0	
1	0	1	
1	1	0	
1	1	1	

2. 交通灯故障检测电路

设计一个道路交通信号灯故障检测电路。根据道路交通灯的运行规则,正常情况下,红、黄、绿三个灯只有一个灯亮,当三盏灯全灭或两盏及两盏以上灯亮时,应产生故障报警,如图 2-11 所示。根据以上分析,可列出功能表如表 2-9 所示。

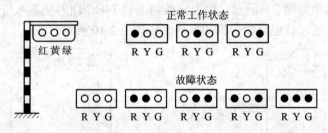

图 2-11 交通信号灯的正常工作状态与故障状态

表 2-9 交通灯故障检测电路功能表

红灯(B)	黄灯(Y)	绿灯(G)	是否报警
灭	灭	灭	是
灭	灭	亮	否
灭	亮	灭	否
灭	亮	亮	是
亮	灭	灭	否
亮	灭	亮	是
亮	亮	灭	是
亮	亮	亮	是

设定变量:用 R(red)、Y(yellow)、G(green)三个变量作为输入变量,分别代表红灯、黄

灯、绿灯，用 Z 代表报警信号。

状态赋值：对于输入变量的取值，用"0"表示灯灭，用"1"表示灯亮；对于输出 Z 的取值，用"0"表示不报警，用"1"表示报警。

化简得出逻辑函数为

$$Z = \overline{R + Y + G + RY + RG + YG}$$

由逻辑函数得出的逻辑图如图 2-12 所示。因为实验箱上的 74HC02(四 2 输入或非门)芯片只有四个 2 输入或非门，74HC32(四 2 输入或门)芯片只有四个 2 输入或门，所以该电路的逻辑图需要改成如图 2-13 所示。

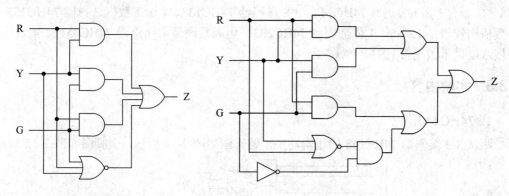

图 2-12　由逻辑函数得出的逻辑图　　　　图 2-13　修改后的逻辑图

具体电路的连接可由读者自行实现，最终电路的输出信号为 Z 端，相应门的引脚编号参见 2.1 节的内容。按照表 2-10 的要求，拨动相应的拨码开关，记录输出结果并填入表中。

表 2-10　交通灯故障检测电路输出状态

R	Y	G	Z
0	0	0	
0	0	1	
0	1	0	
0	1	1	
1	0	0	
1	0	1	
1	1	0	
1	1	1	

2.3　组合逻辑电路

2.3.1　实验目的

(1) 了解和掌握编码器的工作原理，并测试其逻辑单元。

(2) 了解和掌握译码器的工作原理，并测试其逻辑功能。

(3) 了解和掌握数据选择器的工作原理及逻辑功能。

(4) 了解和掌握数值比较器的工作原理及如何比较大小。

(5) 了解全加器的工作原理及其典型的应用，并验证 4 位全加器功能。

(6) 了解集成数码显示译码器的工作原理及其典型的应用，并实现七段数码管的驱动。

2.3.2　实验仪器及器件

(1) DIGILOGIC-2011 数字逻辑及系统设计实验箱。

(2) 器件：8-3 编码器 74HC148、3-8 译码器 74HC138、4 选 1 数据选择器 74HC153、4 位数值比较器 74HC85、4 位全加器 74HC283、集成数码显示译码器 74HC4511、4 数字共阴极八段显示数码管 LN3461Ax。

2.3.3　实验内容

1. 74HC148

测试 8-3 编码器 74HC148 的逻辑功能，逻辑图如图 2-14 所示，引脚图如图 2-15 所示。

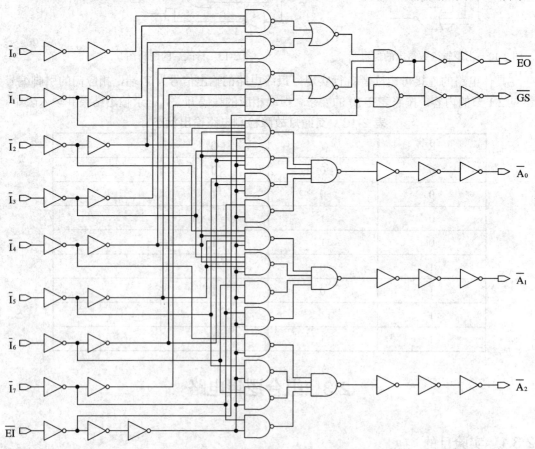

图 2-14　8-3 编码器 74HC148 逻辑图

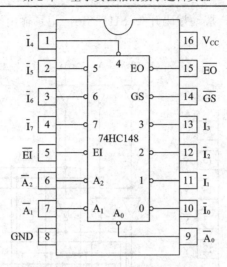

图 2-15　8-3 编码器 74HC148 引脚图

将 74HC148 的 8 个输入端 $\bar{I}_0 \sim \bar{I}_7$ (即引脚 10～13、1～4)分别接至拨码开关 SI1～SI8，3 个输出端 $\bar{A}_2 \sim \bar{A}_0$ 及 $\overline{GS}$、$\overline{EO}$ (即引脚 6、7、9、14、15)接 LED 灯 LD_O1～LD_O5，$\overline{EI}$ (即引脚 5)接 SI9。按照表 2-11 的要求，拨动拨码开关 SI1～SI9，记录输出端 $\bar{A}_2 \sim \bar{A}_0$ 及 $\overline{GS}$、$\overline{EO}$ 的结果，并填入表中。

表 2-11　74HC148 输入/输出状态

控制	十进制数字信号输入								二进制数码输出			状态输出	
$\overline{EI}$	$\bar{I}_0$	$\bar{I}_1$	$\bar{I}_2$	$\bar{I}_3$	$\bar{I}_4$	$\bar{I}_5$	$\bar{I}_6$	$\bar{I}_7$	$\bar{A}_2$	$\bar{A}_1$	$\bar{A}_0$	$\overline{GS}$	$\overline{EO}$
1	X	X	X	X	X	X	X	X					
0	1	1	1	1	1	1	1	1					
0	X	X	X	X	X	X	X	0					
0	X	X	X	X	X	X	0	1					
0	X	X	X	X	X	0	1	1					
0	X	X	X	X	0	1	1	1					
0	X	X	X	0	1	1	1	1					
0	X	X	0	1	1	1	1	1					
0	X	0	1	1	1	1	1	1					
0	0	1	1	1	1	1	1	1					

注：X 为任意状态。

2. 74HC138

测试 3-8 译码器 74HC138 的逻辑功能，引脚图如图 2-16 所示，逻辑图如图 2-17 所示。

将 74HC138 的输入端 $\overline{E}_1$、$\overline{E}_2$、E_3(即引脚 4～6)，A_0、A_1、A_2(即引脚 1～3)分别接至拨码开关 SI1～SI6，输出端 $\overline{Y}_0 \sim \overline{Y}_7$ (即引脚 15、14、13、12、11、10、9、7)接 LED 灯 LD_O1～LD_O8，验证其逻辑功能。

按照表 2-12 的要求，拨动拨码开关 SI1~SI6，记录输出端 $\overline{Y_0} \sim \overline{Y_7}$ 的结果，并填入表中。

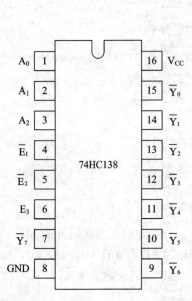

图 2-16　3-8 译码器 74HC138 引脚图　　　　　图 2-17　3-8 译码器 74HC138 逻辑图

表 2-12　74HC138 输入/输出状态

使能输入			数据输入			译码输出							
$\overline{E_1}$	$\overline{E_2}$	E_3	A_2	A_1	A_0	$\overline{Y_0}$	$\overline{Y_1}$	$\overline{Y_2}$	$\overline{Y_3}$	$\overline{Y_4}$	$\overline{Y_5}$	$\overline{Y_6}$	$\overline{Y_7}$
1	X	X	X	X	X								
X	1	X	X	X	X								
X	X	0	X	X	X								
0	0	1	0	0	0								
0	0	1	0	0	1								
0	0	1	0	1	0								
0	0	1	0	1	1								
0	0	1	1	0	0								
0	0	1	1	0	1								
0	0	1	1	1	0								
0	0	1	1	1	1								

注：X 为任意状态。

3. 74HC153

测试 4 选 1 数据选择器 74HC153 逻辑功能，引脚图如图 2-18 所示，逻辑图如图 2-19 所示。

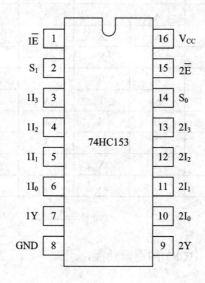

图 2-18　4 选 1 数据选择器 74HC153 引脚图

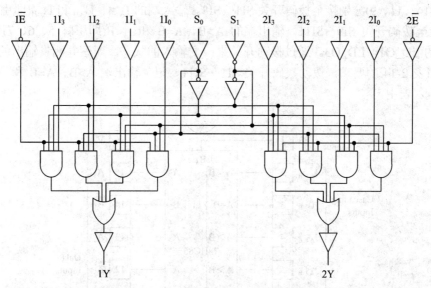

图 2-19　4 选 1 数据选择器 74HC153 逻辑图

将 74HC153 插在 16 位插座上，接线用"1"组，$1I_0 \sim 1I_3$ 为数据输入端(即引脚 6、5、4、3)，分别接至拨码开关 SI3~SI6；S_1、S_0(即引脚 2、14)为控制输入端，分别接至拨码开关 SI1~SI2；输出使能端 $1\bar{E}$(即引脚 1)接至拨码开关 SI7；将输出 1Y(即引脚 7)连至 LED 灯 LD_O1。

按照表 2-13 的要求，拨动拨码开关 SI1~SI7，记录输出端 1Y 的结果，并填入表中。

表 2-13　74 HC153 输入/输出状态

选择输入		数据输入				输出使能输入	输出
S_1	S_0	$1I_0$	$1I_1$	$1I_2$	$1I_3$	$1\overline{E}$	$1Y$
X	X	X	X	X	X	1	
0	0	0	X	X	X	0	0
0	0	1	X	X	X	0	0
1	0	X	X	0	X	0	0
1	0	X	X	1	X	0	0
0	1	X	0	X	X	0	0
0	1	X	1	X	X	0	0
1	1	X	X	X	0	0	0
1	1	X	X	X	1	0	0

注：X 为任意状态。

4. 74HC85

验证 4 位数值比较器 74HC85 的逻辑功能，引脚图如图 2-20 所示，逻辑图如图 2-21 所示。

将 74HC85 接至插座上，A_3、A_2、A_1、A_0(即引脚 15、13、12、10)和 B_3、B_2、B_1、B_0(即引脚 1、14、11、9)分别接至拨码开关 SI1～SI8。输入端的 $I_{A>B}$、$I_{A<B}$ 和 $I_{A=B}$(即引脚 4、3、2)分别接至拨码开关 SI9～SI11。输出端的 A>B、A=B 和 A<B(即引脚 5、6、7)分别接至 LED 灯的 LD_O1～LD_O3。通过拨动开关来改变输入的状态，观察并测量输出的状态。

按照表 2-14 的要求，拨动拨码开关 SI1～SI11，记录输出端 A>B、A=B 和 A<B 的结果，并填入表中。

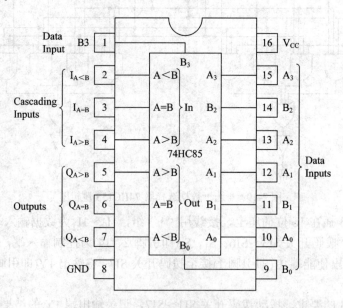

图 2-20　4 位比较器 74HC85 引脚图

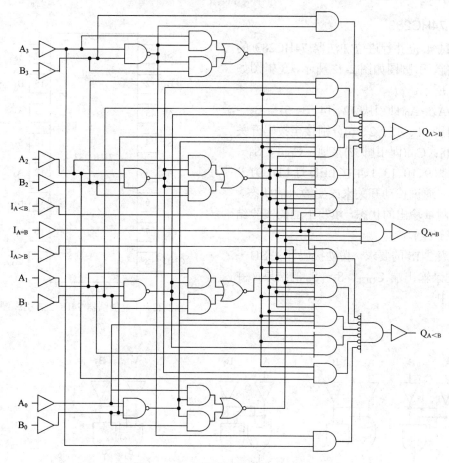

图 2-21 4 位比较器 74HC85 逻辑图

表 2-14 74HC85 输入/输出状态

比较输入								级联输入			输出		
A_3	A_2	A_1	A_0	B_3	B_2	B_1	B_0	$I_{A>B}$	$I_{A=B}$	$I_{A<B}$	$O_{A>B}$	$O_{A=B}$	$O_{A<B}$
1	X	X	X	0	X	X	X	X	X	X			
0	X	X	X	1	X	X	X	X	X	X			
1	1	X	X	1	0	X	X	X	X	X			
0	0	X	X	0	1	X	X	X	X	X			
1	0	1	X	1	0	0	X	X	X	X			
0	0	0	X	0	0	1	X	X	X	X			
1	1	0	1	1	1	0	0	X	X	X			
0	0	1	0	0	0	1	1	X	X	X			
1	1	0	1	1	1	0	1	0	0	0			
0	1	0	0	0	1	0	0	0	0	1			
1	1	0	1	1	1	0	1	1	0	0			
0	0	0	0	0	0	0	0	1	0	1			
0	0	0	0	0	0	0	0	0	0	1			
1	1	1	1	1	1	1	1	X	1	X			

注: X 为任意状态。

5. 74HC283

测试 4 位并行进位加法器 74HC283 的逻辑功能，引脚图如图 2-22 所示，逻辑图如图 2-23 所示。

将 $A_3 \sim A_0$(即引脚 12、14、3、5)与 $B_3 \sim B_0$(即引脚 11、15、2、6)分别接至拨码开关 SI1~SI8；C_{IN}(即引脚 7)接地；C_{OUT}、$S_3 \sim S_0$(即引脚 9、10、13、1、4)接 LED 灯 LD_O1~LD_O5。通过拨动开关来改变输入的状态，观察并测量输出的状态，填写下面的实验结果(列表记录)。

按表 2-15 的要求，拨动拨码开关 SI1~SI8，记录输出端 C_{OUT}、$S_3 \sim S_0$ 的结果，并填入表中。

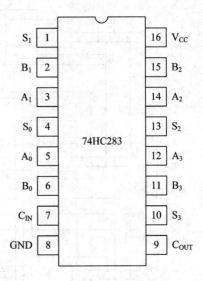

图 2-22　4 位加法器 74HC283 引脚图

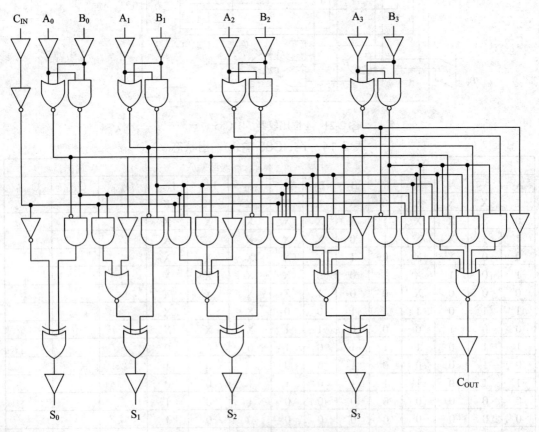

图 2-23　4 位加法器 74HC283 逻辑图

表 2-15　74HC283 输入/输出状态

4 位被加数输入				4 位加数输入				输出加法结果和进位				
A_3	A_2	A_1	A_0	B_3	B_2	B_1	B_0	C_{OUT}	S_3	S_2	S_1	S_0
0	0	0	0	0	1	1	0					
1	1	1	1	1	1	1	1					
0	1	1	0	0	0	1	0					
0	1	0	0	0	1	1	0					
0	1	0	0	0	1	1	1					
1	0	0	0	0	1	1	1					
1	0	0	1	1	0	0	1					

思考：如增加 C_{IN}，输出结果会如何？请自行在表上增加，并验证其他取值的加法结果，填入表中。

6. 74HC4511

测试集成数码显示译码器 74HC4511 的逻辑功能，其引脚图如图 2-24 所示，逻辑图如图 2-25 所示。

用 74HC4511 驱动七段显示数码管 LN3461Ax 的连接电路如图 2-26 所示，LN3461Ax 的逻辑图可参考 1.3.4 节的相关说明。

本实验需要用到段式 LED 显示驱动板，需将显示数码管 LN3461Ax 实验板连接到 74HC4511 的外置插针上，在此实验中只用到了 LN3461Ax 的 7 段，分别是 A～G，74HC4511 无法驱动数码管 LN3461Ax 的小数点。连接要求：将 74HC4511 的 A、B、C、D(即引脚 7、1、2、6)分别接至拨码开关 SI1～SI4，$\overline{LT}$、$\overline{BI}$、LE(即引脚 3、4、5)分别接至拨码开关 SI5～SI7；将数码管实验板的插针 DIG.1(或 DIG.2 或 DIG.3 或 DIG.4——对应相应的 LED 选通端)接至 JGND1。将 74HC4511 的 a～g(即引脚 13、12、11、10、9、15、14)连接至 LN3461Ax 的 a～g(即引脚 2、6、9、11、12、3、8)，此实验没有用到小数点的显示。

通过拨动拨码开关 SI1～SI4、SI5～SI7 改变输入的状态，观察并记录数码管的输出数码，将实验结果填写在表 2-16 中。改变数码管的选通信号端，重复上述实验，也可以同时选通多个数码管，观察显示结果。

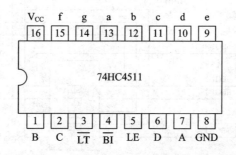

图 2-24　集成数码显示译码器 74HC4511 引脚图

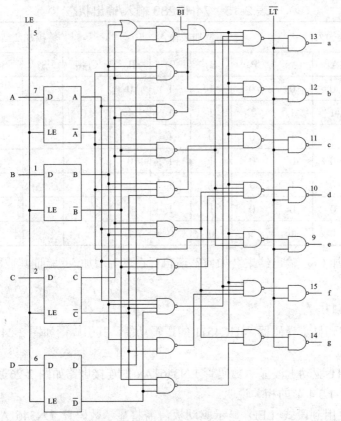

图 2-25 集成数码显示译码器 74HC4511 逻辑图

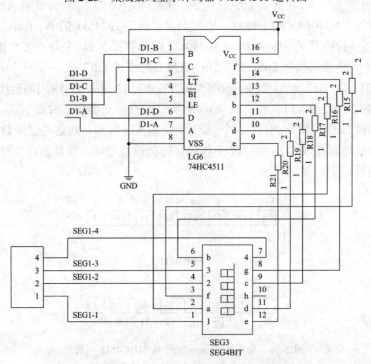

图 2-26 用 74HC4511 驱动七段数码管的连接电路图

表 2-16　74HC4511 输入/输出状态

使能输入			数据输入				译码输出							字形
$\overline{LT}$	$\overline{BI}$	LE	D	C	B	A	a	b	c	d	e	f	g	
0	X	X	X	X	X	X								
1	0	X	X	X	X	X								
1	1	0	0	0	0	0								
1	1	0	0	0	0	1								
1	1	0	0	0	1	0								
1	1	0	0	0	1	1								
1	1	0	0	1	0	0								
1	1	0	0	1	0	1								
1	1	0	0	1	1	0								
1	1	0	0	1	1	1								
1	1	0	1	0	0	0								
1	1	0	1	0	0	1								
1	1	0	1	0	1	0								
1	1	0	1	0	1	1								
1	1	0	1	1	0	0								
1	1	0	1	1	0	1								
1	1	0	1	1	1	0								
1	1	0	1	1	1	1								

注：X 为任意状态。

思考：如果要同时显示 4 个数字，应如何设计？

2.3.4　实验报告要求

写出以上各个组合逻辑电路的逻辑表达式，并画出对应的真值表。

2.4　时序逻辑电路

2.4.1　实验目的

(1) 掌握 D 触发器的逻辑功能和测试方法，熟悉 74HC74 的引脚排列及其功能。

(2) 掌握 JK 触发器的逻辑功能和测试方法，熟悉 74HC112 的引脚排列及其功能。

(3) 掌握移位寄存器的工作原理及其应用，熟悉 74HC194 的逻辑功能及实现各种移位功能的方法。

(4) 掌握计数电路的工作原理和各控制端的作用，测试并验证 74HC161 的逻辑功能。

2.4.2 实验仪器及器件

(1) DIGILOGIC-2011 数字逻辑及系统设计实验箱。

(2) 器件：双 D 触发器 74HC74、双 JK 触发器 74HC112、双向移位寄存器 74HC194、计数器 74HC161。

2.4.3 实验内容

1. 74HC74

测试双 D 触发器 74HC74 的逻辑功能，其引脚图如图 2-27 所示，逻辑图如图 2-28 所示。

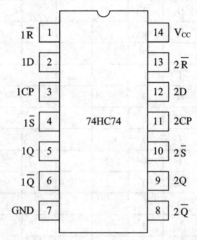

图 2-27 双 D 触发器 74HC74 引脚图

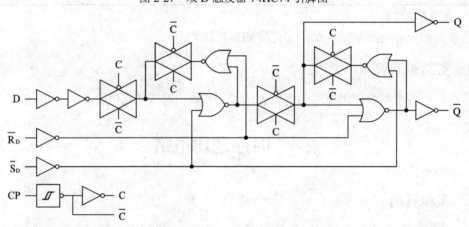

图 2-28 74HC74 一个触发器的逻辑图

将集成电路 74HC74 接入电源，取其中的 1 组 D 触发器，将 $1\overline{S}$、$1\overline{R}$(即引脚 4、1)分别接至拨码开关 SI1、SI2，将 1CP(即引脚 3)接至单个脉冲 LDPULSE2 或连续的时钟信号 (0.1Hz～1MHz 中任一路)，将 1D(即引脚 2)接至拨码开关 SI3，将 1Q 及 $1\overline{Q}$(即引脚 5、6)连至输出 LD_O1、LD_O2，观察输出 1Q 及 $1\overline{Q}$ 的波形。

按照表 2-17 的要求，拨动拨码开关 SI1、SI2 分别作为 $1\overline{S}$、$1\overline{R}$ 的输入，在引脚 3 上接入单个脉冲或连续的时钟信号。拨动拨码开关 SI3 作为数据 D 的输入。记录输出端 1Q 及 $1\overline{Q}$ 的结果，并填入表中。

表 2-17　D 触发器 74HC74 输入/输出状态

输　入				输　出		功能说明
置位输入 $1\overline{S}$	复位输入 $1\overline{R}$	CP	D	Q^{n+1}	$\overline{Q}^{n+1}$	
0	1	X	X			
1	0	X	X			
1	1	↑	0			
1	1	↑	1			
0	0	X	X			

注：X 为任意状态。

思考：将 CP 接至单个脉冲 LDPULSE1 或 LDPULSE2，效果有没有不同？

2. 74HC112

测试双 JK 触发器 74HC112 的逻辑功能，其引脚图如图 2-29 所示，逻辑图如图 2-30 所示。

在集成电路 74HC112 上接入电源，取其中的 1 组 JK 触发器，将 $1\overline{S}_D$、$1\overline{R}_D$（即引脚 4、15）分别接至拨码开关 SI1、SI2，将 $1CP$（即引脚 1）接至单个脉冲 LDPULSE2 或连续的时钟信号(0.1 Hz～1 MHz 中任一路)，将 1J、1K(即引脚 3、2)分别接至拨码开关 SI3、SI4，将 1Q 及 $1\overline{Q}$(即引脚 5、6)连至输出 LD_O1、LD_O2，观察输出 1Q 及 $1\overline{Q}$ 的波形。

按照表 2-18 的要求，拨动拨码开关 SI1、SI2 分别作为 $1\overline{S}_D$、$1\overline{R}_D$ 的输入，在引脚 1 上接入单个脉冲或连续的时钟信号。拨动拨码开关 SI3、SI4 分别作为数据 J、K 的输入。记录输出端 1Q 及 $1\overline{Q}$ 的结果，并填入表中。

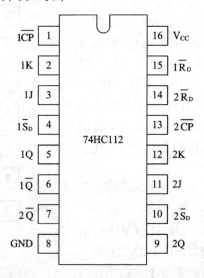

图 2-29　双 JK 触发器 74HC112 引脚图

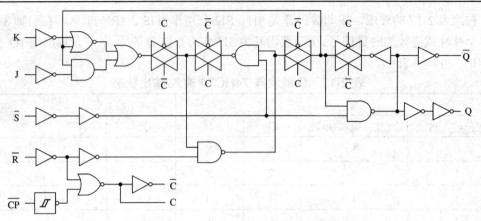

图 2-30　74HC112 一个触发器逻辑图

表 2-18　JK 触发器 74HC112 输入/输出状态

输　入					输　出		功能说明
置位输入 $1\overline{S}_D$	复位输入 $1\overline{R}_D$	$\overline{CP}$	1J	1K	Q^{n+1}	$\overline{Q}^{n+1}$	
0	1	X	X	X			
1	0	X	X	X			
1	1	↓	1	1			
1	1	↓	0	1			
1	1	↓	1	0			
0	0	X	X	X			
1	1	↓	0	0			

注：X 为任意状态。

3. 74HC194

验证双向移位寄存器 74HC194 的逻辑功能，其引脚图如图 2-31 所示，逻辑图如图 2-32 所示。

将 $\overline{MR}$(即引脚 1)连至拨码开关 SI1，D_{SR}(即引脚 2)连至拨码开关 SI4，D_{SL}(即引脚 7)连至拨码开关 SI5，CP(即引脚 11)接至单个脉冲 LDPULSE2 或连续的时钟信号(0.1Hz～1MHz 中任一路)，S_1(即引脚 10)连至拨码开关 SI2，S_0(即引脚 9)连至拨码开关 SI3，$D_0 \sim D_3$(即引脚 3～6)分别连至拨码开关 SI9～SI12，$Q_0 \sim Q_3$(即引脚 15～12)分别连至输出 LD_O1～LD_O4。

(1) 清零：给 $\overline{MR}$ 加低电平，则清除原寄存器中的数码，实现 Q_0、Q_1、Q_2、Q_3 清零。

(2) 存数：当 $S_1 = S_0 = 1$ 时，$\overline{MR} = 1$，CP 上升沿到达时，触发器被置为 $Q_0^{n+1} = D_0$、$Q_1^{n+1} = D_1$、$Q_2^{n+1} = D_2$、$Q_3^{n+1} = D_3$，移位寄存器处于"数据并行输入"状态，或称为"置数"。

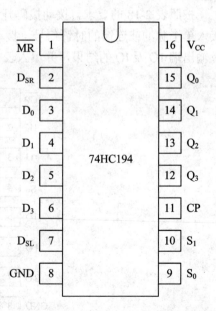

图 2-31　双向移位寄存器 74HC194 引脚图

(3) 移位：

① $S_1=0$、$S_0=1$，CP 上升沿到达时，触发器被置为 $Q_0^{n+1}=D_{SR}$、$Q_1^{n+1}=Q_0^n$、$Q_2^{n+1}=Q_1^n$、$Q_3^{n+1}=Q_2^n$，这时移位寄存器处在"右移"工作状态。

② $S_1=1$、$S_0=0$，CP 上升沿到达时，触发器被置为 $Q_0^{n+1}=Q_1^n$、$Q_1^{n+1}=Q_2^n$、$Q_2^{n+1}=Q_3^n$、$Q_3^{n+1}=D_{SL}$，这时移位寄存器处在"左移"工作状态。

(4) 保持：当 $S_1=S_0=0$ 时，$Q_i^{n+1}=Q_i^n(i=0，1，2，3)$，移位寄存器处在"保持"工作状态。

按照表 2-19 的要求，拨动拨码开关 SI1～SI5 分别作为 $\overline{MR}$、D_{SR}、D_{SL}、S_1、S_0 的输入，在 CP(即引脚 11)上接入单个正脉冲或连续的时钟信号，拨动拨码开关 SI9～SI12 分别作为数据 D_0～D_3 的输入。记录输出端 Q_0～Q_3 的结果，并填入表中。

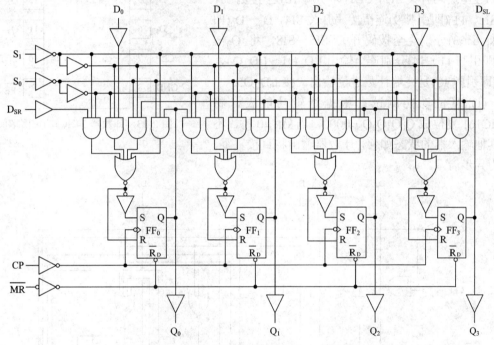

图 2-32 双向移位寄存器 74HC194 逻辑图

表 2-19 74HC194 输入/输出状态

输入										输出				功能说明
$\overline{MR}$	模式		串行		CP	并行				Q_0^{n+1}	Q_1^{n+1}	Q_2^{n+1}	Q_3^{n+1}	
	S_1	S_0	D_{SR}	D_{SL}		D_0	D_1	D_2	D_3					
0	X	X	X	X	X	X	X	X	X					
1	1	1	X	X	↑	D_0	D_1	D_2	D_3					
1	0	0	X	X	↑	X	X	X	X					
1	0	1	0	X	↑	X	X	X	X					
1	0	1	1	X	↑	X	X	X	X					
1	1	0	X	0	↑	X	X	X	X					
1	1	0	X	1	↑	X	X	X	X					

注：X 为任意状态。

思考：输出值跟哪些输入量有关？CP 接单个脉冲与接连续的时钟信号有何区别？

4. 74HC161

验证异步清零、同步预置、同步二进制加法计数器74HC161 的逻辑功能，其引脚图如图 2-33 所示，逻辑图如图 2-34 所示。

将 74HC161 的 CP(即引脚 2)接至单个脉冲 LDPULSE2 或连续的时钟信号(0.1Hz～1MHz 中任一路)，$\overline{MR}$(即引脚 1)连至拨码开关 SI1，CEP(即引脚 7)连至拨码开关 SI2，CET(即引脚 10)连至拨码开关 SI3，$\overline{PE}$(即引脚 9)连至拨码开关 SI4，D_3～D_0(即引脚 6～3)分别连至拨码开关 SI5～SI8，将 Q_3～Q_0(即引脚 11～14)分别连至输出 LD_O1～LD_O4，TC(即引脚 15)是终端计数进位输出，接 LD_O5。

(1) 复位功能测试：根据逻辑功能表，将 74HC161 复位成 $Q_0Q_1Q_2Q_3=0000$，当 $\overline{MR}=0$ 时，不管其他输入端的状态如何，计数器输出将直接置零，称为异步清零。

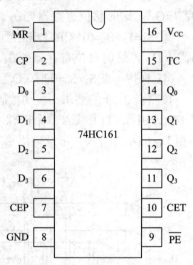

图 2-33　计数器 74HC161 引脚图

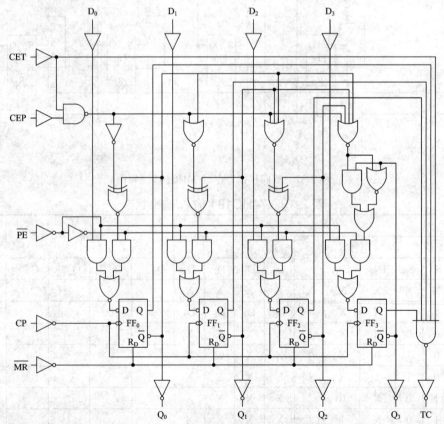

图 2-34　计数器 74HC161 逻辑图

(2) 置位功能测试：根据逻辑功能表，自行连接电路，将 74HC161 置数成 $Q_3Q_2Q_1Q_0$=0000 和 $Q_3Q_2Q_1Q_0$=1110，在 $\overline{MR}$ =1 的条件下，当 $\overline{PE}$=0 且时钟脉冲 CP 的上升沿工作时，D_3、D_2、D_1、D_0 输入端的数据分别置入 Q_3~Q_0。

(3) 理解 74HC161 的功能和各控制信号的时序关系。按照表 2-20 的要求，拨动拨码开关 SI1~SI4 分别作为 $\overline{MR}$、CEP、CET、$\overline{PE}$ 的输入，在 CP(即引脚 2)上接入单个脉冲或连续的时钟信号，拨动拨码开关 SI5~SI8 分别作为数据 D_3~D_0 的输入。记录输出端 Q_3~Q_0 及 TC 的结果，并填入表中。

表 2-20　74HC161 输入/输出状态

输入									输出					功能说明
$\overline{MR}$	CP	CEP	CET	$\overline{PE}$	D_3	D_2	D_1	D_0	Q_3	Q_2	Q_1	Q_0	TC	
0	X	X	X	X	X	X	X	X						
1	↑	X	X	0	0	0	0	0						
1	↑	1	1	0	D_3	D_2	D_1	D_0						
1	↑	1	1	1	X	X	X	X						
1	X	0	X	1	X	X	X	X						
1	X	X	0	1	X	X	X	X						

注：X 为任意状态。

思考：接连续的时钟信号中任何一路有何区别？

2.4.4　实验报告要求

(1) 写出 74HC74 的逻辑表达式，并画出真值表。

(2) 写出 74HC112 的逻辑表达式，并画出真值表。

(3) 写出 74HC194 的逻辑表达式，并画出真值表。观察输出状态，总结各种状态的功能，并在真值表旁标注出来。

(4) 写出 74HC161 的逻辑表达式，并画出真值表。画出 74HC161 完成一个计数周期的时序图，观察计数状态、进位输出端何时输出高电平。

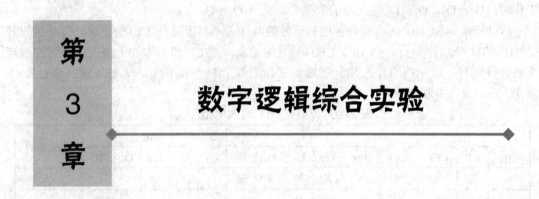

数字逻辑综合实验

第
3
章

3.1　组合逻辑综合实验

3.1.1　实验目的

(1) 综合运用各种典型组合电路，使其功能得到扩展。

(2) 掌握综合逻辑的设计方法，并在实验板上实现。

3.1.2　实验仪器及器件

(1) DIGILOGIC-2011 数字逻辑及系统设计实验箱。

(2) 器件：74HC148、74HC4511、LN3461Ax、74HC08、74HC04、Flash Pro4 烧录器。

3.1.3　实验内容

1. 编码器扩展实验一

设计一个电路：当按下 0～15 的按键后，显示数码管显示对应的数字或字符。若同时按下几个按键，则从 15 到 0 优先级别依次降低。

本实验需要两个编码器 74HC148(其中第二片 74HC148 通过组合电路核心板实现)、一个数码显示译码器 74HC4511(通过 FPGA 扩展实验板实现)、一个共阴极八段显示数码管 LN3461Ax。连接电路如图 3-1 所示，具体芯片的引脚编号请查阅相应的芯片引脚图，具体 FPGA 扩展实验板的引脚编号请参考附录 B.2，具体组合电路核心板的引脚编号请参见附录 B.4。

利用实验箱的输入信号开关模拟 16 个按键，SI1～SI16 分别表示编号为 0 到 15 的数字，对应按键 0～F，分别将开关信号 SI1～SI8 接至 74HC148(2)的输入端 I_0～I_7、开关信号 SI9～SI16 接至 74HC148(1)的输入端 I_0～I_7，74HC148(1)的 EI 控制端(即引脚 5)直接接地，即用跳线连至 JGND1。

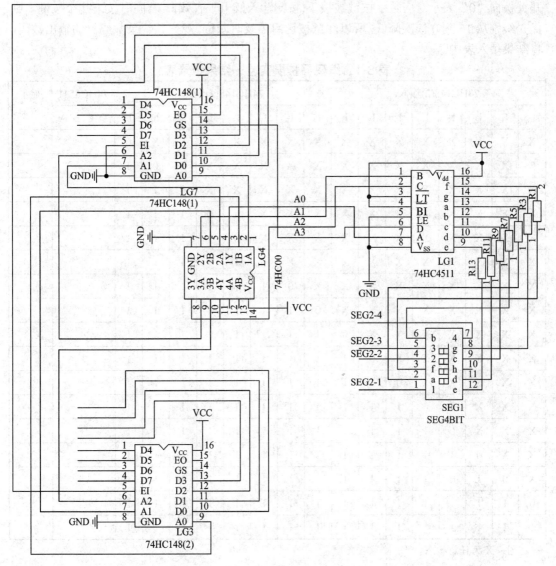

图 3-1　编码器扩展实验一连接电路图

　　将 74HC148(1) 的输出信号 A0、A1、A2 连至 74HC00 的引脚 1、4、9；将 74HC148(2) 的输出信号 A0、A1、A2 连至 74HC00 的引脚 2、5、10；将 74HC148(1) 的输出信号 EO 与 74HC148(2) 的控制信号 EI 连接在一起。至此完成两片 74HC148 扩展成一片 16×4 编码器的连接。

　　将 74HC00 的引脚 3、6、8 分别接至 74HC4511 的 A、B、C，将 74HC148(1) 的 GS 接至 74HC4511 的 D，将 74HC4511 的 $\overline{LT}$、$\overline{BI}$、LE 分别接至 JVCC1、JVCC2、JGND2；将显示数码管 LN3461Ax 实验板的插针 DIG.1(或 DIG.2 或 DIG.3 或 DIG.4，对应相应的 LED 选通端)接至 JGND2。将 74HC4511 的 a～g 连至 LN3461Ax 的 a～g(本实验不显示小数点)。

　　按表 3-1 的组合，拨动输入信号的开关改变输入的状态，即模拟不同按键 0～15，拨码开关拨向"0"表示对应数字按键被按下(按键输入低电平有效)。若同时按下几个按键,则优先级别从 15 到 0 依次降低,所以注意按键后需及时归位。观察并记录数码管的输出数码,将结果填入表中。

表 3-1　编码器扩展实验一结果记录表

74HC148(2)输入								74HC148(1)输入								74HC4511				显示字型
I_0	I_1	I_2	I_3	I_4	I_5	I_6	I_7	I_0	I_1	I_2	I_3	I_4	I_5	I_6	I_7	D	C	B	A	
X	X	X	X	X	X	X	X	X	X	X	X	X	X	X	0					
X	X	X	X	X	X	X	X	X	X	X	X	X	X	0	1					
X	X	X	X	X	X	X	X	X	X	X	X	X	0	1	1					
X	X	X	X	X	X	X	X	X	X	X	X	0	1	1	1					
X	X	X	X	X	X	X	X	X	X	X	0	1	1	1	1					
X	X	X	X	X	X	X	X	X	X	0	1	1	1	1	1					
X	X	X	X	X	X	X	X	X	0	1	1	1	1	1	1					
X	X	X	X	X	X	X	X	0	1	1	1	1	1	1	1					
X	X	X	X	X	X	X	0	1	1	1	1	1	1	1	1					
X	X	X	X	X	X	0	1	1	1	1	1	1	1	1	1					
X	X	X	X	X	0	1	1	1	1	1	1	1	1	1	1					
X	X	X	X	0	1	1	1	1	1	1	1	1	1	1	1					
X	X	X	0	1	1	1	1	1	1	1	1	1	1	1	1					
X	X	0	1	1	1	1	1	1	1	1	1	1	1	1	1					
X	0	1	1	1	1	1	1	1	1	1	1	1	1	1	1					
0	1	1	1	1	1	1	1	1	1	1	1	1	1	1	1					
1	1	1	1	1	1	1	1	1	1	1	1	1	1	1	1					

注：X 为任意状态。

2. 编码器扩展实验二

设计一个电路,当按下小于等于 9 的按键后,显示数码管显示数字,当按下大于 9 的按键后,显示数码管不显示数字。若同时按下几个按键,优先级别从 9 到 0 依次降低。

本实验需要两个编码器 74HC148(其中第二片 74HC148 通过组合电路核心板实现)、一个数码显示译码器 74HC4511(通过 FPGA 扩展实验板实现)、一个共阴极八段显示数码管 LN3461Ax 和一个数值比较器 74HC85。

编码器扩展实验二的连接电路如图 3-2 所示,具体芯片的引脚编号请查阅相应的芯片引脚图,具体 FPGA 扩展实验板的引脚编号请参考附录 B.2,具体组合电路核心板的引脚编号参见附录 B.4。

利用实验箱的输入信号开关模拟 16 个按键,SI1～SI16 分别表示编号为 0 到 15 的数字,对应按键 0～F,分别将开关信号 SI1～SI8 接至 74HC148(2)的输入端 I_0～I_7、开关信号 SI9～

SI16 接至 74HC148(1)的输入端 I_0~I_7，74HC148(1)的 EI 控制端(即引脚 5)直接接地，即用跳线连至 JGND1。

　　将 74HC148(1)的输出信号 A0、A1、A2 连至 74HC00 的引脚 1、4、9；将 74HC148(2)的输出信号 A0、A1、A2 连至 74HC00 的引脚 2、5、10；将 74HC148(1)的输出信号 EO 与 74HC148(2)的控制信号 EI 连接在一起。至此完成两片 74HC148 扩展成一片 16×4 编码器的连接。

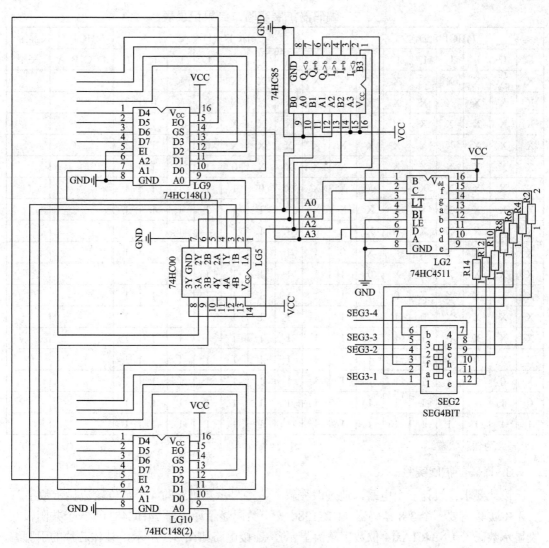

图 3-2　编码器扩展实验二的连接电路图

　　将 74HC00 的引脚 3、6、8 分别接至 74HC4511 的 A、B、C，将 74HC148(1)的 GS 接至 74HC4511 的 D，将 74HC4511 的 $\overline{\text{LT}}$、LE 分别接至 JVCC2、JGND2；将 74HC4511 的 a~g 连接至 LN3461Ax 的 a~g(本实验不显示小数点)。

　　将 74HC00 的引脚 3、6、8 以及 74HC148(1)的 GS 分别接至 74HC85 的 B0、B1、B2、B3，将 74HC85 的 A3、A2、A1、A0 接至 JVCC1、JGND1、JVCC1、JGND1(即设为 1010)，

将 74HC85 的输出信号 "A>B" 接至 74HC4511 的 $\overline{BI}$，将数码管实验板的 DIG .1(或 DIG .2 或 DIG .3 或 DIG .4)接至 JGND2，即实现当(1010)2 大于输入的数字时就显示。

拨动输入信号的开关改变输入的状态，即模拟不同按键 0～15，拨码开关拨向 "0" 表示对应数字按键被按下(按键输入低电平有效)。若同时按下几个按键，则优先级别从 15 到 0 依次降低，所以注意按键后需及时归位。观察并记录数码管的输出数码，将实验结果填入表 3-2 中。

表 3-2　编码器扩展实验二结果记录表

74HC148(2)输入								74HC148(1)输入								74HC4511				显示 字型
I_0	I_1	I_2	I_3	I_4	I_5	I_6	I_7	I_0	I_1	I_2	I_3	I_4	I_5	I_6	I_7	D	C	B	A	
X	X	X	X	X	X	X	X	X	X	X	X	X	X	X	0					
X	X	X	X	X	X	X	X	X	X	X	X	X	X	0	1					
X	X	X	X	X	X	X	X	X	X	X	X	X	0	1	1					
X	X	X	X	X	X	X	X	X	X	X	X	0	1	1	1					
X	X	X	X	X	X	X	X	X	X	X	0	1	1	1	1					
X	X	X	X	X	X	X	X	X	X	0	1	1	1	1	1					
X	X	X	X	X	X	X	X	X	0	1	1	1	1	1	1					
X	X	X	X	X	X	X	X	0	1	1	1	1	1	1	1					
X	X	X	X	X	X	X	0	1	1	1	1	1	1	1	1					
X	X	X	X	X	X	0	1	1	1	1	1	1	1	1	1					
X	X	X	X	X	0	1	1	1	1	1	1	1	1	1	1					
X	X	X	X	0	1	1	1	1	1	1	1	1	1	1	1					
X	X	X	0	1	1	1	1	1	1	1	1	1	1	1	1					
X	X	0	1	1	1	1	1	1	1	1	1	1	1	1	1					
X	0	1	1	1	1	1	1	1	1	1	1	1	1	1	1					
0	1	1	1	1	1	1	1	1	1	1	1	1	1	1	1					
1	1	1	1	1	1	1	1	1	1	1	1	1	1	1	1					

注：X 为任意状态。

3. 译码器扩展实验

设计要求：设计一个电路，通过改变输入，令显示数码管的 4 个数位轮流显示数字。

本实验需要一个 3-8 译码器 74HC138、一个数码显示译码器 74HC4511、一个共阴极八段显示数码管 LN3461Ax(4 位数字轮流显示)，连接电路如图 3-3 所示，具体芯片的引脚编号请查阅相应的芯片引脚图。

将 74HC138 的控制信号 $\overline{E_1}$、$\overline{E_2}$、E_3 分别接至拨码开关 SI1～SI3；将 74HC138 的输入信号 A_2、A_1、A_0 分别接至拨码开关 SI4～SI6；将 74HC138 的输出信号 $\overline{Y_0}$ ～ $\overline{Y_3}$ 分别接至数码管实验板的 DIG.1、DIG.2、DIG.3、DIG.4；将 74HC4511 的 a～g 连接至 LN3461Ax 的 a～g(本实验不显示小数点)。

将 74HC4511 的 A、B、C、D 接至拨码开关 SI12～SI9，将 74HC4511 的 $\overline{LT}$、$\overline{BI}$、

LE 分别接至 SI13、SI14、SI15，分别设置为 1、1、0。通过拨动输入信号的开关改变输入的状态，观察并记录显示数码管的输出数码，将实验结果填入表 3-3 中。

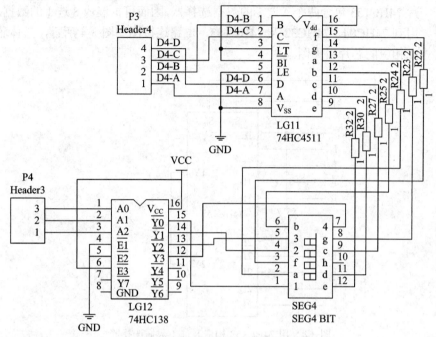

图 3-3 译码器扩展实验连接电路图

表 3-3 译码器扩展实验结果记录表

74HC138 使能输入			74HC138 数据输入			74HC138 译码输出				数码管显示数字
$\overline{E_1}$	$\overline{E_2}$	E_3	A_2	A_1	A_0	$\overline{Y_0}$	$\overline{Y_1}$	$\overline{Y_2}$	$\overline{Y_3}$	的位置(1~4)
1	X	X	X	X	X					
X	1	X	X	X	X					
X	X	0	X	X	X					
0	0	1	0	0	0					
0	0	1	0	0	1					
0	0	1	0	1	0					
0	0	1	0	1	1					
0	0	1	1	0	0					
0	0	1	1	0	1					
0	0	1	1	1	0					
0	0	1	1	1	1					

注：X 为任意状态。

在表 3-3 中，最后 4 行的情况(即 $A_2A_1A_0$ 取值为 100~111 时)数码管是没有显示的，如果在这些情况下也想让数码管轮流选通，应如何改进？

本实验利用 4 选 1 数据选择器也可以实现，请读者自行设计。

4. 数据选择器扩展实验

设计要求：利用一片 4 选 1 数据选择器 74HC153 构成 8 选 1 数据选择器。

由于一片 74HC153 包含两个 4 选 1 的数据选择器，因而可扩展成 8 选 1 的数据选择器。本实验需要用到 74HC04、74HC32 及 74HC153，电路连接图如图 3-4 所示，具体芯片的引脚编号请查阅相应的芯片引脚图。

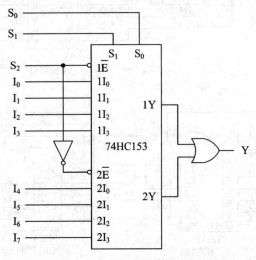

图 3-4　用 74HC153 构造 8 选 1 数据选择器

按照表 3-4 的要求，通过拨动输入信号的开关改变输入状态，观察并记录输出结果，将实验结果填入表中。

表 3-4　用 74 HC153 构造 8 选 1 数据选择器输入/输出状态

选择输入			数据输入								输出使能输入		输出
S_2	S_1	S_0	I_7	I_6	I_5	I_4	I_3	I_2	I_1	I_0	$1\overline{E}$	$2\overline{E}$	Y
0	0	0	X	X	X	X	X	X	X	0	0		
0	0	0	X	X	X	X	X	X	X	1	0		
0	0	1	X	X	X	X	X	X	0	X	0		
0	0	1	X	X	X	X	X	X	1	X	0		
0	1	0	X	X	X	X	X	0	X	X	0		
0	1	0	X	X	X	X	X	1	X	X	0		
0	1	1	X	X	X	X	0	X	X	X	0		
0	1	1	X	X	X	X	1	X	X	X	0		
1	0	0	X	X	X	0	X	X	X	X		1	
1	0	0	X	X	X	1	X	X	X	X		1	
1	0	1	X	X	0	X	X	X	X	X		1	
1	0	1	X	X	1	X	X	X	X	X		1	

续表

选择输入			数据输入								输出使能输入		输出
S_2	S_1	S_0	I_7	I_6	I_5	I_4	I_3	I_2	I_1	I_0	$\overline{1E}$	$\overline{2E}$	Y
1	1	0	X	0	X	X	X	X	X	X	1		
1	1	0	X	1	X	X	X	X	X	X	1		
1	1	1	0	X	X	X	X	X	X	X	1		
1	1	1	1	X	X	X	X	X	X	X	1		

注：X 为任意状态。

3.2　时序逻辑综合实验

3.2.1　实验目的

(1) 综合运用各种典型时序电路，使其功能得到扩展。

(2) 掌握综合逻辑的设计方法，并在实验板上实现。

3.2.2　实验仪器及器件

(1) DIGILOGIC-2011 数字逻辑及系统设计实验箱。

(2) 器件：74HC74、74HC161、74HC4511、LN3461Ax、74HC00、74HC04、74HC08、Flash Pro4 烧录器。

3.2.3　实验内容

1. 四人抢答器

设计要求：设计一个四人抢答器，每人均有一个抢答按键和一盏抢答指示灯。抢答前全部指示灯均不亮，抢答开始后最先按下抢答按键的人，相应的抢答指示灯亮，而其他没按键或按键比较慢的，指示灯不亮。

实现思路：本设计需要 4 个 D 触发器，74HC74 提供了两个，另外两个来自 FPGA 扩展实验板。4 个触发器的输入分别接 4 个拨码开关，输出分别接 4 个 LED 灯；时钟信号接至与门的 2Y 输出端，该输出端即为 $\overline{A+B+C+D}$ 的结果，只要 A、B、C、D 中任何一个为 1，$\overline{A+B+C+D}$ 的结果即为 0，从而使得时钟脉冲 CP 被屏蔽；异步清零端接负脉冲。如图 3-5 所示是四人参加智力竞赛的抢答电路，电路的主要器件是 74HC74 双上升沿 D 触发器。

抢答前先清零，4 个触发器的输出 Q 均为 0，相应的发光二极管都不亮。抢答开始，若抢答按键 SW1 首先被按下，相应的发光二极管亮。同时，74HC08 的 2Y 输出低电平，使得时钟脉冲 CP 被屏蔽，所以，即使再接着按其他抢答按键，也不会起作用了，触发器的状态不会改变。抢答完毕后，给异步清零端一个负脉冲，即清零，准备下次抢答。

具体实现步骤请读者自行完成，并将实验结果填入表 3-5 中。

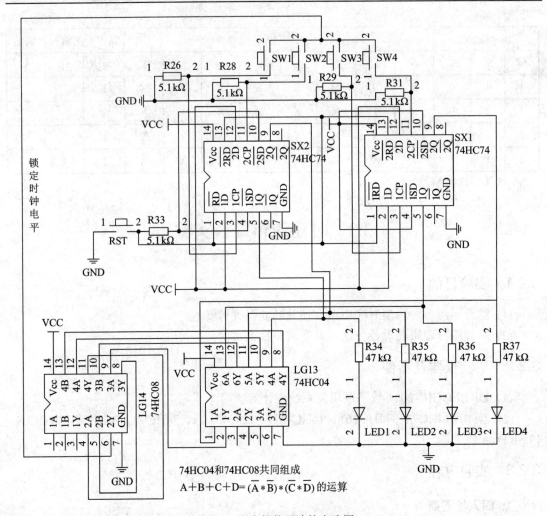

图 3-5　四人抢答器连接电路图

表 3-5　四人抢答器实验结果记录表

$\overline{\text{CLR}}$ (清零信号)	抢答顺序				亮灯情况(1~4 亮或灭)
0	X	X	X	X	
1	1	2	3	4	
1	3	1	2	4	
1	4	1	2	3	
1					
1					
1					
1					
1					

注：X 为任意状态。

2. 数控分频器

设计要求：设计一个数控分频器，它的功能是在输入端输入不同的数据时，产生不同的分频比，从而产生不同的频率值。数控分频器被广泛应用在家庭数字音响、通信设备时序电路、数字频率计中。

实现思路：本实验需要计数器 74HC161、显示译码器 74HC4511 及八段显示数码管 LN3461Ax。

数控分频器利用计数值可并行预置的加法计数器设计实现，方法是将计数进位位与预置数加载输入信号相连，这样，当输入端给定不同的输入数据时，对输入的时钟信号有不同的分频比。数控分频器连接电路图如图 3-6 所示，按设计要求将实验结果填入表 3-6 中。

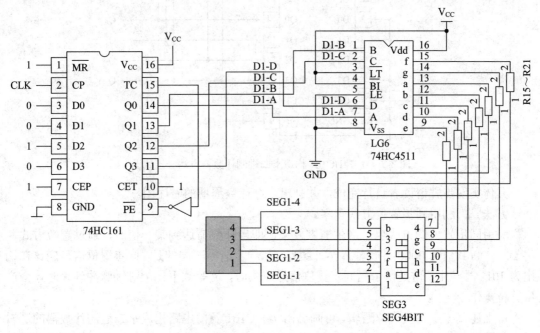

图 3-6 数控分频器连接电路图

表 3-6 数控分频器实验结果记录表

输入信号频率	预置数	分频比	输出信号频率
100	2		
10	4		
1000	8		
100	10		
10	14		

3. 用 74HC161 设计十二进制计数器

设计要求：使用 4 位二进制计数器 74HC161 设计十二进制计数器，可采用清零法或置数法来实现。

方法一：利用异步清零方式清零。

由于异步清零端($\overline{\text{MR}}$)的清零是立即执行的，所以只要计数值达到 1100，便立刻产生清零信号，即可使输出状态由 1100 变为 0000。由上述清零逻辑及进位逻辑，可画出由 74HC161 及门电路构成十二进制计数器的逻辑图，如图 3-7 所示。此方法需要 74HC00、74HC08、74HC161 芯片，具体引脚编号参见第 2 章的相关介绍。

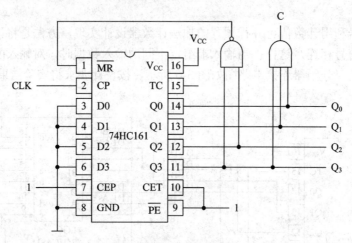

图 3-7   用 74HC161 构造十二进制计数器方法一连线图

具体实现步骤请读者自行完成，并画出一个计数周期的时序图。

方法二：利用同步置位方式置零。

利用同步置位的方式也可产生清零效果，即当计数值达到某一值时，通过置数方式，将 D3~D0(其值为 0000)并行输入至计数器。与异步清零不同的是，同步置位信号应该在输出为 1011 时产生，这是由于当同步置位信号产生时，需等到下一个时钟脉冲到来时才会产生置位操作。

由上述置零逻辑及进位逻辑，可画出由 74HC161 及门电路构成十二进制计数器的逻辑图，如图 3-8 所示。此方法需要 74HC00、74HC04、74HC161 芯片，具体引脚编号参见第 2 章的相关介绍。

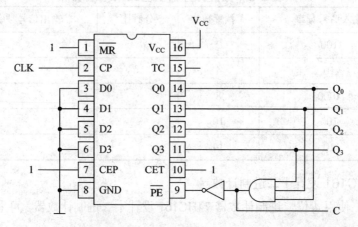

图 3-8   用 74HC161 构造十二进制计数器方法二连线图

具体实现步骤请读者自行完成，并画出一个计数周期的时序图。

方法三：利用置数法构造。

采用置数法设置 N 进制计数器的原理是通过设置初始状态，改变计数的容量。十二进制计数器的计数容量是 12，而计数器 74HC161 的计数容量为 16，显然，如使 74HC161 的计数初值由 4(对应二进制数为 0100)开始，即可将计数容量由 16 变为 12，从而得到十二进制计数器。

由于需要在每次计数值达到 1111 后，下一个状态从 0100 开始，所以应使 $D_3D_2D_1D_0$=0100。此外，还需生成置位 $\overline{PE}$ 信号，置位信号可通过将进位输出(TC)取反获得。

根据以上逻辑关系绘制出十二进制计数器的逻辑图，如图 3-9 所示。此方法需要 74HC04、74HC161 芯片，具体引脚编号参见第 2 章的相关介绍。

具体实现步骤请读者自行完成，并画出一个计数周期的时序图。

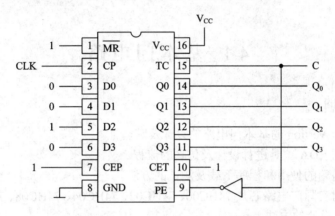

图 3-9　由 74HC161 构造十二进制计数器方法三连线图

| 第
4
章 | 数字逻辑基础设计仿真及验证 |

4.1　基本门电路

4.1.1　实验目的

(1) 了解基于 Verilog 的基本门电路的设计及其验证。

(2) 熟悉利用 EDA 工具进行设计及仿真的流程。

(3) 熟悉实验箱的使用和程序下载及测试的方法。

(4) 学习针对实际门电路芯片 74HC00、74HC02、74HC04、74HC08、74HC32、74HC86 进行 VerilogHDL 设计的方法。

4.1.2　实验环境及仪器

(1) Libero IDE 仿真软件。

(2) DIGILOGIC-2011 数字逻辑及系统设计实验箱。

(3) Actel Proasic3 A3P030 FPGA 核心板及 Flash Pro4 烧录器。

4.1.3　实验内容

(1) 掌握 Libero IDE 软件的使用方法。

(2) 进行针对 74 系列基本门电路的设计，并完成相应的仿真实验。

(3) 参考本书所提供的文件中的设计代码、测试平台代码(可自行编程)，完成 74HC00、74HC02、74HC04、74HC08、74HC32、74HC86 相应的设计、综合及仿真。

(4) 将程序通过烧录器烧录至 FPGA 核心板上，并实测相应功能。

4.1.4　实验步骤

1. 74HC00

1) 新建工程

输入工程名 BasicGate，如图 4-1 所示。然后按照图 4-2 所示，选择相应配置文件，再点"Finish"完成创建。

图 4-1　新建 BasicGate 工程

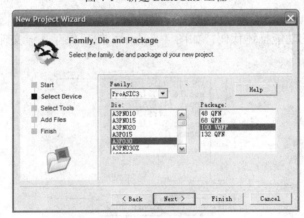

图 4-2　选择相应配置文件

2) 输入代码

　　"Project Manager"被打开，界面中间显示了基本项目流程，可以看到综合及仿真都是未可用状态，如图 4-3 所示。

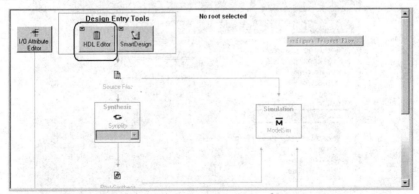

图 4-3　工程管理界面

　　点击"HDL Editor"按钮，在如图 4-4 所示的对话框中选择"Verilog Source File"，输入源程序文件名(后缀为 .v)。

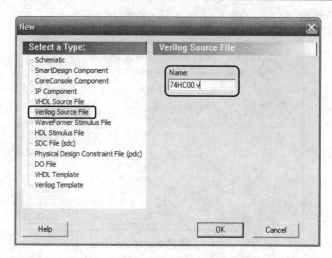

图 4-4　保存源程序文件

输入 74HC00 的功能描述代码，如图 4-5 所示，然后保存。该文件将保存于项目文件夹的 "\hdl" 子目录下。

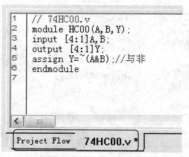

图 4-5　输入功能描述代码

点击 "Project Flow" 切换回项目流程，再次点击 "HDL Editor" 按钮，在如图 4-6 所示的对话框中选择 "HDL Stimulus File"，输入激励程序的文件名(后缀也为 .v)。

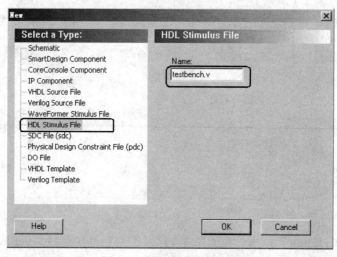

图 4-6　保存激励程序文件

在打开的编辑器中输入激励程序代码(即测试平台代码)，如图 4-7 所示，然后保存，该文件将保存于项目文件夹的"\stimulus"子目录下。

```
01   // testbench.v
02   `timescale 1ns/1ns
03   module  testbench ();
04   reg [4:1]a, b;
05   wire [4:1]y;
06
07   HC00 u1(a, b, y);
08
09   initial
10   begin
11   a=4'b0000; b=4'b0001;
12   #10 b=b<<1;
13   #10 b=b<<1;
14   #10 b=b<<1;
15   a=4'b1111; b=4'b0001;
16   #10 b=b<<1;
17   #10 b=b<<1;
18   #10 b=b<<1;
19   end
20   endmodule
21
```

| Project Flow | 74HC00.v | **testbench.v** |

图 4-7　输入激励程序代码

3) Options 设置

点击"Project Flow"切换回项目流程，有一个重要参数应首先设置：在"Simulation"按钮上按右键，在弹出的菜单中选择"Options"，如图 4-8 所示。

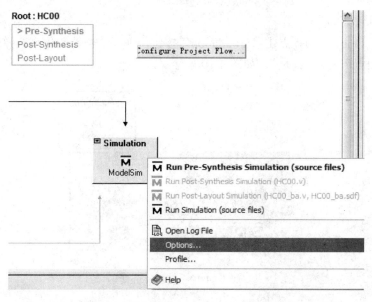

图 4-8　选择"Options"(选项设置)

在弹出的对话框中，修改"Testbench module name"值为激励模块的名称，修改"Top level instance name in the testbench"值为例化名，如图 4-9 所示。激励模块名称及例化名均须与代码中指定的一致。

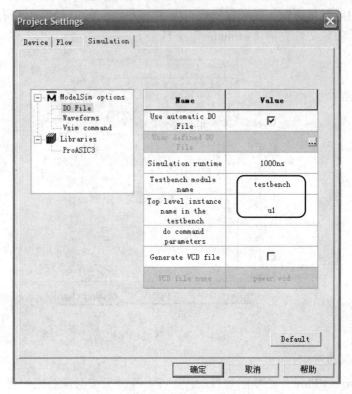

图 4-9　设置选项

4) 综合前仿真

在"Project Flow"中，点击"Simulation"按钮，进行综合前的仿真。弹出消息框提示没有关联激励程序，点击"是"，如图 4-10 所示。

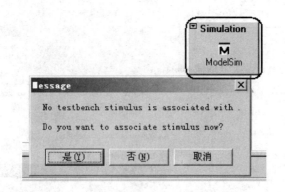

图 4-10　综合前仿真

在弹出的对话框中把激励程序"testbench.v"加入到关联文件中，如图 4-11 所示。

ModelSim 软件被打开，正常情况下，ModelSim 会自动执行刚才关联的激励程序，通过激励程序调用 HC00 与非门程序，并显示仿真结果，如图 4-12 所示。

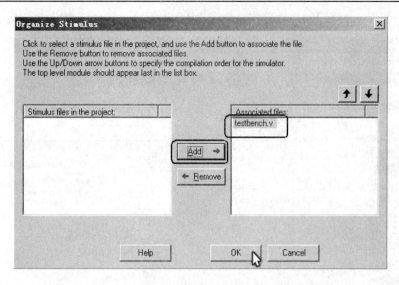

图 4-11　关联激励程序

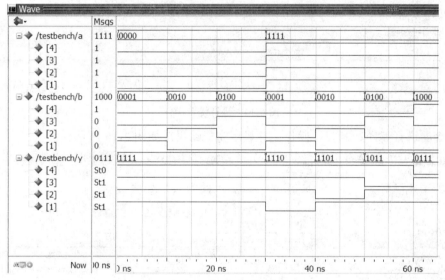

图 4-12　综合前仿真结果

5) 综合

回到 Libero Project Manager 视图，在"Project Flow"中点击"Synthesis"按钮，如图 4-13 所示，调用软件"Synplify Pro"进行综合。

图 4-13　选择"综合"

在打开的"Synplify Pro"软件中，单击"Run"按钮，进行综合操作，如图 4-14 所示。

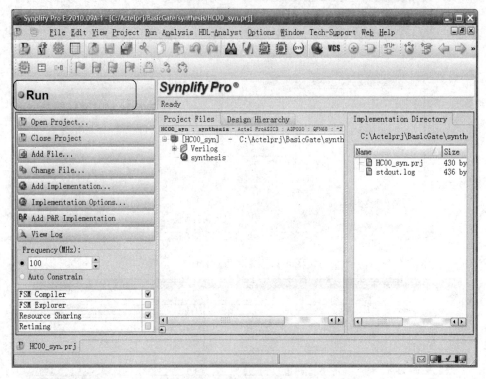

图 4-14　进行综合操作

综合器进行编译、制图等操作，并显示完成结果，如图 4-15 所示。

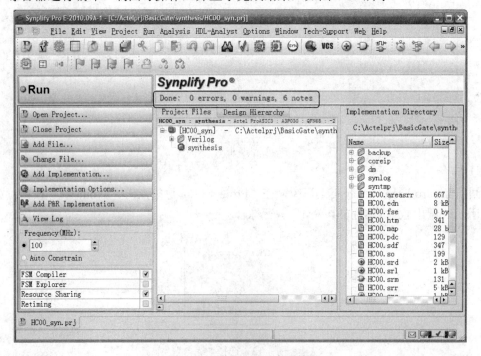

图 4-15　综合器显示完成结果

点击工具栏 按钮，可查看 RTL 视图，如图 4-16 所示，该图由系统自动生成。

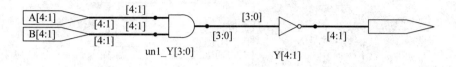

图 4-16 RTL 视图

6）综合后仿真

综合后，按钮颜色会发生改变，此时可再一次进行仿真，验证综合后是否也能得到正确的结果。在"Simulation"按钮上点右键选择"Run Post-Synthesis Simulation"（或者直接点击"Simulation"按钮即可），如图 4-17 所示。

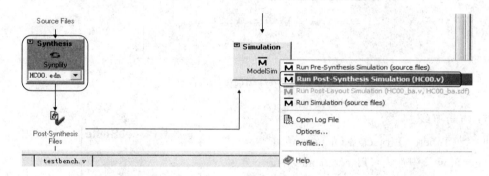

图 4-17 综合后仿真

在"Wave"窗口可看到如图 4-18 所示波形。对波形进行局部放大仔细查看，可看到综合后的仿真结果正确，但与综合前的仿真稍有不同，多出了 0.3ns 的输出延迟，如图 4-19 所示。

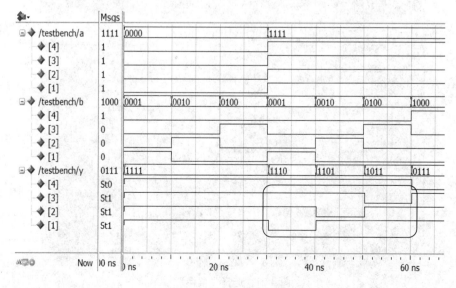

图 4-18 综合后仿真结果

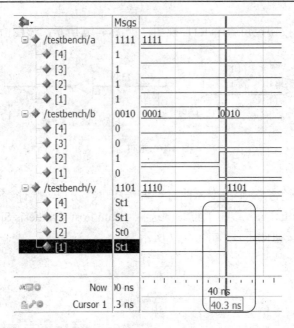

图 4-19　波形图局部放大查看

7) 布局布线

回 到 Libero Project Manager ， 在 "Project Flow" 中点击 "Place&Route" 按 钮，如图 4-20 所示，调用软件 "Designer" 进行布局布线处理。

打开了 Designer 软件，点击"Compile" 按钮进行编译，如图 4-21 所示。

图 4-20　选择"布局布线"

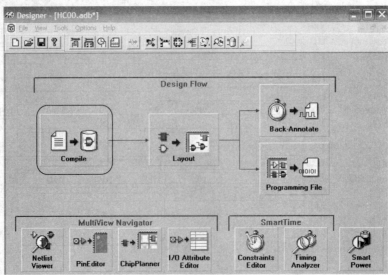

图 4-21　选择"编译"

编译后按钮变成绿色，"Log Window"中显示编译过程和编译结果，如图 4-22 所示。

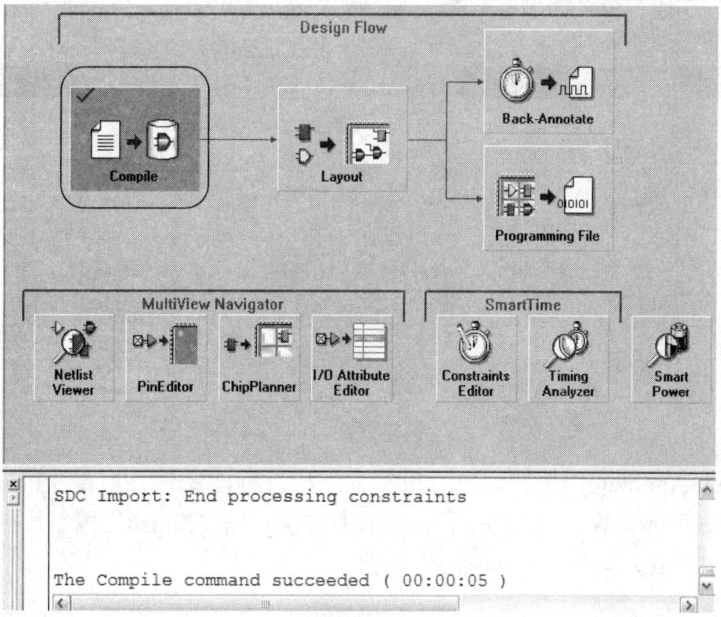

图 4-22　显示编译结果

点击"Layout"按钮进行布局布线，接受默认配置，完成后"Layout"按钮变成绿色，如图 4-23 所示。"Log Window"中会显示布局布线结果"The Layout command succeeded"。

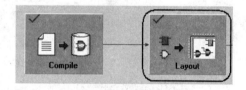

图 4-23　选择"Layout"按钮

点击"I/O Attribute Editor"按钮，检查引脚分配情况，如图 4-24 所示，禁止使用附录 B.1 所列出的引脚。如果系统自动分配的引脚与该表所列的引脚有冲突，必须手工调整成其他引脚，如图 4-25 所示，否则会引起错误。

	Port Name	Group	Macro Cell	Pin Number	Locked	Bank Name	I/O Standard
1	A[1]		ADLIB:INBUF	24	☐	Bank1	LVTTL
2	A[2]		ADLIB:INBUF	30	☐	Bank1	LVTTL
3	A[3]		ADLIB:INBUF	64	☐	Bank0	LVTTL
4	A[4]		ADLIB:INBUF	78	☐	Bank0	LVTTL
5	B[1]		ADLIB:INBUF	23	☐	Bank1	LVTTL
6	B[2]		ADLIB:INBUF	28	☐	Bank1	LVTTL
7	B[3]		ADLIB:INBUF	65	☐	Bank0	LVTTL
8	B[4]		ADLIB:INBUF	80	☐	Bank0	LVTTL
9	Y[1]		ADLIB:OUTBUF	22	☐	Bank1	LVTTL
10	Y[2]		ADLIB:OUTBUF	29	☐	Bank1	LVTTL
11	Y[3]		ADLIB:OUTBUF	63	☐	Bank0	LVTTL
12	Y[4]		ADLIB:OUTBUF	79	☐	Bank0	LVTTL

图 4-24　检查引脚分配情况

	Port Name	Group	Macro Cell	Pin Number	Locked	Bank Name	I/O Standard
1	A[1]		ADLIB:INBUF	24	☐	Bank1	LVTTL
2	A[2]		ADLIB:INBUF	30	☐	Bank1	LVTTL
3	A[3]		ADLIB:INBUF	2 ▼	☐	Bank0	LVTTL
4	A[4]		ADLIB:INBUF	Unassigne / 2	☐	Bank0	LVTTL
5	B[1]		ADLIB:INBUF	3	☐	Bank1	LVTTL
6	B[2]		ADLIB:INBUF	4 / 5	☐	Bank1	LVTTL
7	B[3]		ADLIB:INBUF	6 / 7	☐	Bank0	LVTTL
8	B[4]		ADLIB:INBUF	8	☐	Bank0	LVTTL
9	Y[1]		ADLIB:OUTBUF	22	☐	Bank1	LVTTL
10	Y[2]		ADLIB:OUTBUF	29	☐	Bank1	LVTTL
11	Y[3]		ADLIB:OUTBUF	63	☐	Bank0	LVTTL
12	Y[4]		ADLIB:OUTBUF	79	☐	Bank0	LVTTL

图 4-25　调整有冲突的引脚编号

　　点击"Back-Annotate"按钮，进行反标，生成反标注文件。点击"Programming File"按钮，如图 4-26 所示。在图 4-27 所示对话框中直接点击"Finish"按钮，在图 4-28 所示对话框中选择输出格式，点击"Generate"按钮。

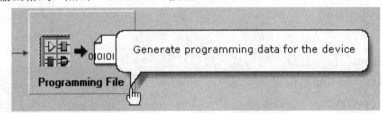

图 4-26　选择"Programming File"按钮

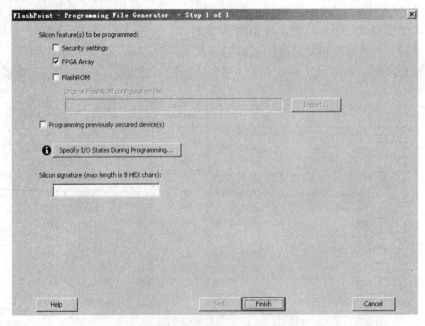

图 4-27　生成编程文件对话框

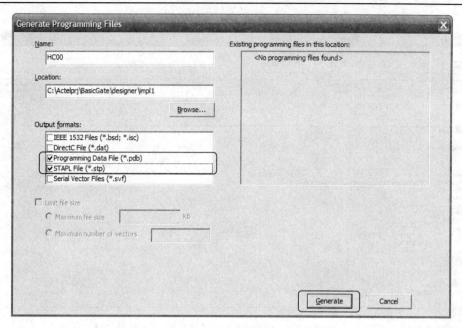

图 4-28 选择输出格式

8) 布局布线后仿真

再一次点击 ModelSim 图标，结果如图 4-29 所示，注意与功能仿真、综合后仿真的结果区别，延迟更大了。

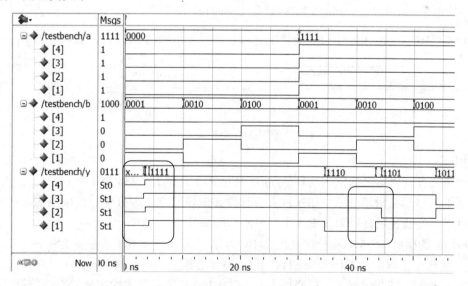

图 4-29 布局布线后仿真结果

9) 写入程序文件(烧录)

确认 FPGA 核心板已经插在实验箱中正确的位置(具体操作方法请参考 1.3 的介绍)，再将 FlashPro4 烧录器连至相应电脑的 USB 接口，另一端连至 FPGA 核心板的烧录接口，然后点击"FlashPro"图标，出现如图 4-30 所示界面。

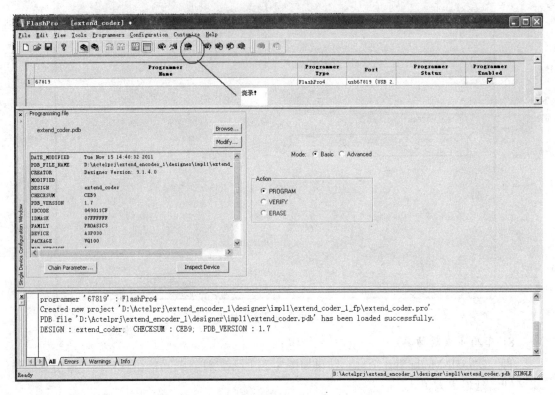

图 4-30　点击"FlashPro"后的界面

点击"RUN"按钮，即可完成将上述设计烧录至 FPGA 的过程，如图 4-31 所示。

Programmer Name	Programmer Type	Port	Programmer Status	Programmer Enabled
1 FPBBALTLPT1	Para2Buff	ALTLPT1	RUN PASSED	☑

图 4-31　烧录成功

10) 实测

如果读者利用本书提供的文件(可以从 Http://202.116.130.234 处下载，下同)来烧录，则具体引脚编号参见附录 B.3。如果读者自行设计或修改过引脚分配，则按照实际情况来连线。以下的连线说明是以附录 B.3 所列出的引脚编号为依据的。

FPGA 的引脚 4、5、99 分别对应 74HC00 的引脚 4、5、6，用连接线将 FPGA 的引脚 4、5 分别接至主板上的拨码开关 SI1、SI2，将核心板上的拨码开关 S1 的 1 拨至 VCC 侧，即将 FPGA 的引脚 99 与 LD1(核心板上的 LED)接通，注意输入输出信号不要搞混。

注：读者可以选取 74HC00 的其他输入输出，但要认真核对相应引脚(参看附录 B.3)，以免造成设备损坏！

将输入的开关按表 4-1 置位，观察输出 LD1 的状态，并填表，同时用逻辑笔测量相应状态。

表 4-1　74HC00 输入/输出状态

输入端		输出端 Y	
A	B	LED	逻辑状态
0	0		
0	1		
1	0		
1	1		

2. 74HC02

1) 新建工程

请参考 4.1 节 74HC00 实验的相应步骤。

2) 输入代码

模块代码及测试平台代码可参考本书所提供的文件，也可自行设计。

3) Options 设置

请参考 4.1 节 74HC00 实验的相应步骤。

4) 综合前仿真

综合前仿真结果如图 4-32 所示。

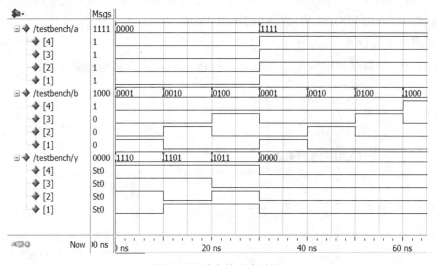

图 4-32　综合前仿真结果

5) 综合

综合结果的 RTL 视图如图 4-33 所示。

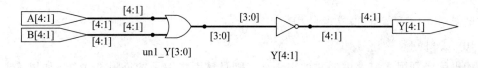

图 4-33　RTL 视图

6) 综合后仿真

综合后仿真结果的局部放大图如图 4-34 所示，已有延迟出现。

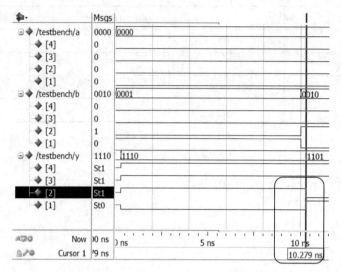

图 4-34　综合后仿真波形图局部放大查看

7) 布局布线

布局布线的具体步骤请参考 4.1 节 74HC00 实验的相应内容，但一定要注意检查引脚的分配，避免出现占用 FPGA 核心板预留引脚的情况。

8) 布局布线后仿真

布局布线后仿真结果的局部放大图如图 4-35 所示，注意到延迟更大了。

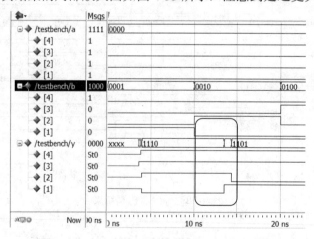

图 4-35　布局布线后仿真波形图局部放大查看

9) 烧录

请参考 4.1 节 74HC00 实验的相应步骤。

10) 实测

如果读者利用本书提供的文件来烧录，则具体引脚编号参见附录 B.3。如果读者自行设计或修改过引脚分配，则按照实际情况来连线。以下的连线说明是以附录 B.3 所列出的引脚编号为依据的。

FPGA 的引脚 16、19、95 分别对应 74HC02 的引脚 5、6、4，用连接线将 FPGA 的引脚 16、19 分别接至主板上的拨码开关 SI1、SI2，将核心板上的拨码开关 S1 的 6 拨至 VCC 侧，即将 FPGA 的引脚 95 与 LD6(核心板上的 LED)接通，注意输入输出信号不要搞混。

注：读者可以选取 74HC02 的其他输入输出，但要认真核对相应引脚(参看附录 B.3)，以免造成设备损坏！

将输入的开关按表 4-2 置位，观察输出 LD6 的状态，并填表，同时用逻辑笔测量相应状态。

表 4-2　74HC02 输入/输出状态

输入端		输出端 Y	
A	B	LED	逻辑状态
0	0		
0	1		
1	0		
1	1		

3. 74HC04

1) 新建工程

请参考 4.1 节 74HC00 实验的相应步骤。

2) 输入代码

模块代码及测试平台代码可参考本书所提供的文件，也可自行设计。

3) Options 设置

参考 4.1 节 74HC00 实验的相应步骤。

4) 综合前仿真

综合前仿真结果如图 4-36 所示。

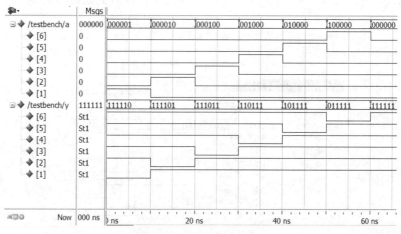

图 4-36　综合前仿真结果

5) 综合

综合结果的 RTL 视图如图 4-37 所示。

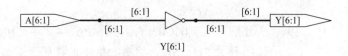

图 4-37　RTL 视图

6) 综合后仿真

综合后仿真结果的局部放大图如图 4-38 所示，已有延迟出现。

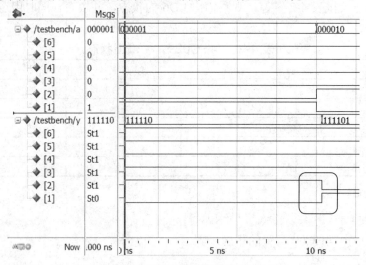

图 4-38　综合后仿真波形图局部放大查看

7) 布局布线

布局布线的具体步骤请参考 4.1 节 74HC00 实验的相应内容，但一定要注意检查引脚的分配，避免出现占用 FPGA 核心板预留引脚的情况。

8) 布局布线后仿真

布局布线后仿真结果的局部放大图如图 4-39 所示，注意到延迟更大了。

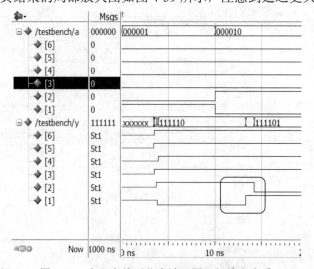

图 4-39　布局布线后仿真波形图局部放大查看

9) 烧录

请参考 4.1 节 74HC00 实验的相应步骤。

10) 实测

如果读者利用本书提供的文件来烧录，则具体引脚编号参见附录 B.3。如果读者自行设计或修改过引脚分配，则按照实际情况来连线。以下的连线说明是以附录 B.3 所列出的引脚编号为依据的。

FPGA 的引脚 27、86 分别对应 74HC04 的引脚 9、8，用连接线分别将 FPGA 的引脚 27 接至主板上的拨码开关 SI1，将核心板上的拨码开关 S2 的 4 拨至 VCC 侧，即将 FPGA 的引脚 86 与 LD12(核心板上的 LED)接通，注意输入输出信号不要搞混。

注：读者可以选取 74HC04 的其他输入输出，但要认真核对相应引脚(参看附录 B.3)，以免造成设备损坏！

将输入的开关按表 4-3 置位，观察输出 LD12 的状态，并填表，同时用逻辑笔测量相应状态。

表 4-3　74HC04 输入/输出状态

输入端	输出端 Y	
A	LED	逻辑状态
0		
1		

4. 74HC08

1) 新建工程

请参考 4.1 节 74HC00 实验的相应步骤。

2) 输入代码

模块代码及测试平台代码可参考本书提供的文件，也可自行设计。

3) Options 设置

请参考 4.1 节 74HC00 实验的相应步骤。

4) 综合前仿真

综合前仿真结果如图 4-40 所示。

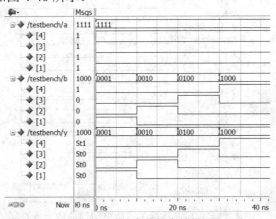

图 4-40　综合前仿真结果

5) 综合

综合结果的 RTL 视图如图 4-41 所示。

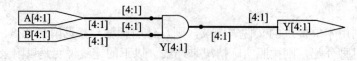

图 4-41　RTL 视图

6) 综合后仿真

综合后仿真结果的局部放大图如图 4-42 所示,已有延迟出现。

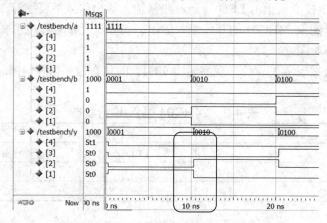

图 4-42　综合后仿真波形图局部放大查看

7) 布局布线

布局布线的具体步骤请参考 4.1 节 74HC00 实验的相应内容,但一定要注意检查引脚的分配,避免出现占用 FPGA 核心板预留引脚的情况。

8) 布局布线后仿真

布局布线后仿真结果的局部放大图如图 4-43 所示,注意到延迟更大了。

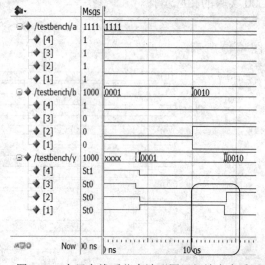

图 4-43　布局布线后仿真波形图局部放大查看

9) 烧录

请参考 4.1 节 74HC00 实验的相应步骤。

10) 实测

如果读者利用本书提供的文件来烧录，则具体引脚编号参见附录 B.3。如果读者自行设计或修改过引脚分配，则按照实际情况来连线。以下的连线说明是以附录 B.3 所列出的引脚编号为依据的。

FPGA 的引脚 34、35、81 分别对应 74HC08 的引脚 9、10、8，用连接线将 FPGA 的引脚 34、35 分别接至主板上的拨码开关 SI1、SI2，将核心板上的拨码开关 S3 的 1 拨至 VCC 侧，即将 FPGA 的引脚 81 与 LD17(核心板上的 LED)接通，注意输入输出信号不要搞混。

注：读者可以选取 74HC08 的其他输入输出，但要认真核对相应引脚(参看附录 B.3)，以免造成设备损坏！

将输入的开关按表 4-4 置位，观察输出 LD17 的状态，并填表，同时用逻辑笔测量相应状态。

表 4-4　74HC08 输入/输出状态

输入端		输出端 Y	
A	B	LED	逻辑状态
0	0		
0	1		
1	0		
1	1		

5. 74HC32

1) 新建工程

请参考 4.1 节 74HC00 实验的相应步骤。

2) 输入代码

模块代码及测试平台代码可参考本书所提供的文件，也可自行设计。

3) Options 设置

请参考 4.1 节 74HC00 实验的相应步骤。

4) 综合前仿真

综合前仿真结果如图 4-44 所示。

5) 综合

综合结果的 RTL 视图如图 4-45 所示。

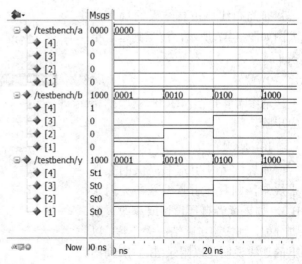

图 4-44　综合前仿真结果

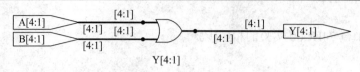

图 4-45   RTL 视图

6) 综合后仿真

综合后仿真结果的局部放大图如图 4-46 所示，已有延迟出现。

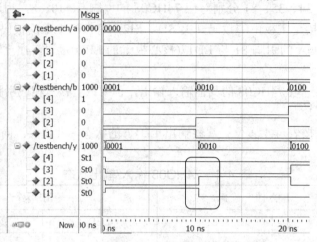

图 4-46   综合后仿真波形图局部放大查看

7) 布局布线

布局布线的具体步骤请参考 4.1 节 74HC00 实验的相应内容，但一定要注意检查引脚的分配，避免出现占用 FPGA 核心板预留引脚的情况。

8) 布局布线后仿真

布局布线后仿真结果的局部放大图如图 4-47 所示，注意到延迟更大了。

9) 烧录

请参考 4.1 节 74HC00 实验的相应步骤。

10) 实测

如果读者利用本书提供的文件来烧录，则具体引脚编号参见附录 B.3。如果读者自行设计或修改过引脚分配，则按照实际情况来连线。以下的连线说明是以附录 B.3 所列出的引脚编号为依据的。

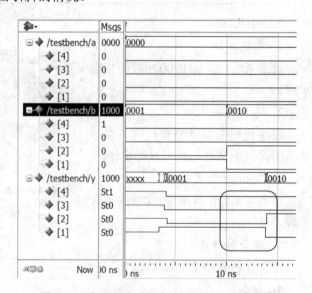

图 4-47   布局布线后仿真波形图局部放大查看

FPGA 的引脚 43、44、78 分别对应 74HC32 的引脚 4、5，6，用连接线将 FPGA 的引脚 43、44 分别接至主板上的拨码开关 SI1、SI2，将核心板上的拨码开关 S3 的 4 拨至 VCC

侧，即将 FPGA 的引脚 78 与 LD20(核心板上的 LED)接通，注意输入输出信号不要搞混。

　　注：读者可以选取 74HC32 的其他输入输出，但要认真核对相应引脚(参看附录 B.3)，以免造成设备损坏！

　　将输入的开关按表 4-5 置位，观察输出 LD20 的状态，并填表，同时用逻辑笔测量相应状态。

表 4-5　74HC32 输入/输出状态

输入端		输出端 Y	
A	B	LED	逻辑状态
0	0		
0	1		
1	0		
1	1		

6. 74HC86

1) 新建工程

请参考 4.1 节 74HC00 实验的相应步骤。

2) 输入代码

模块代码及测试平台代码可参考本书所提供的文件，也可自行设计。

3) Options 设置

请参考 4.1 节 74HC00 实验的相应步骤。

4) 综合前仿真

综合前仿真结果如图 4-48 所示。

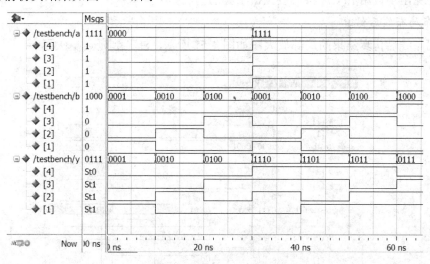

图 4-48　综合前仿真结果

5) 综合

综合结果的 RTL 视图如图 4-49 所示。

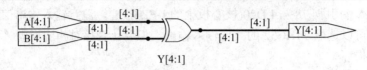

图 4-49　RTL 视图

6) 综合后仿真

综合后仿真结果的局部放大图如图 4-50 所示，已有延迟出现。

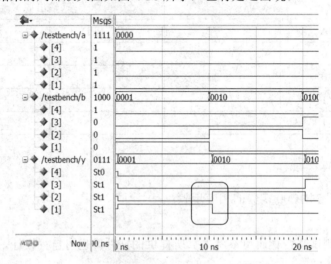

图 4-50　综合后仿真波形图局部放大查看

7) 布局布线

布局布线的具体步骤请参考 4.1 节 74HC00 实验的相应内容，但一定要注意检查引脚的分配，避免出现占用 FPGA 核心板预留引脚的情况。

8) 布局布线后仿真

布局布线后仿真结果的局部放大图如图 4-51 所示，注意到延迟更大了。

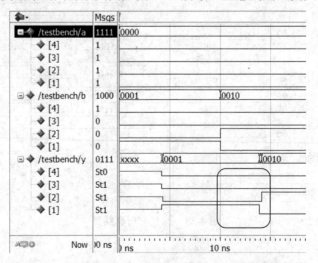

图 4-51　布局布线后仿真波形图局部放大查看

9) 烧录

请参考 4.1 节 74HC00 实验的相应步骤。

10) 实测

如果读者利用本书提供的文件来烧录，则具体引脚编号参见附录 B.3。如果读者自行设计或修改过引脚分配，则按照实际情况来连线。以下的连线说明是以附录 B.3 所列出的引脚编号为依据的。

FPGA 的引脚 69、70、72 分别对应 74HC86 的引脚 12、13、11，用连接线将 FPGA 的引脚 69、70 分别接至主板上的拨码开关 SI1、SI2，将核心板上的拨码开关 S4 的 2 拨至 VCC 侧，即将 FPGA 的引脚 72 与 LD26(核心板上的 LED)接通，注意输入输出信号不要搞混。

注：读者可以选取 74HC86 的其他输入输出，但要认真核对相应引脚(参看附录 B.3)，以免造成设备损坏！

将输入的开关按表 4-6 置位，观察输出 LD26 的状态，并填表，同时用逻辑笔测量相应状态。

表 4-6 74HC86 输入/输出状态

输入端		输出端 Y	
A	B	LED	逻辑状态
0	0		
0	1		
1	0		
1	1		

4.1.5 实验报告要求

(1) 提交针对 74HC00、74HC02、74HC04、74HC08、74HC32、74HC86 的模块代码、测试平台代码、综合前仿真结果(即功能仿真结果)、综合结果、综合后仿真结果以及布局布线后仿真结果。

(2) 提交实测的结果记录表。

4.2 组合逻辑电路

4.2.1 实验目的

(1) 了解基于 Verilog 的组合逻辑电路的设计及其验证。

(2) 熟悉利用 EDA 工具进行设计及仿真的流程。

(3) 熟悉实验箱的使用及程序下载、测试的方法。

(4) 学习针对实际组合逻辑电路芯片 74HC148、74HC138、74HC153、74HC85、74HC283、74HC4511 进行 Verilog HDL 设计的方法。

4.2.2　实验环境及仪器

(1) Libero IDE 仿真软件。

(2) DIGILOGIC-2011 数字逻辑及系统设计实验箱。

(3) Actel Proasic3 A3P030 FPGA 核心板及 Flash Pro4 烧录器。

4.2.3　实验内容

(1) 掌握 Libero IDE 软件的使用方法。

(2) 进行针对 74 系列基本组合逻辑电路的设计，并完成相应的仿真实验。

(3) 参考本书提供的文件中的设计代码、测试平台代码(可自行编程)，完成 74HC148、74HC138、74HC153、74HC85、74HC283、74HC4511 相应的设计、综合及仿真。

(4) 将程序通过烧录器烧录至 FPGA 核心板上，并实测相应功能。

4.2.4　实验步骤

1. 74HC148

1) 新建工程

请参考 4.1 节 74HC00 实验的相应步骤。

2) 输入代码

模块代码及测试平台代码可参考本书提供的文件，也可自行设计。

3) Options 设置

请参考 4.1 节 74HC00 实验的相应步骤。

4) 综合前仿真

综合前仿真结果如图 4-52 所示。

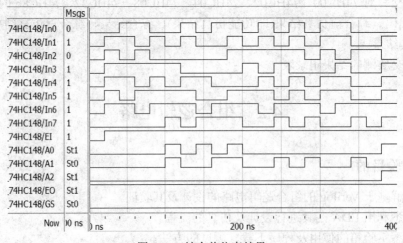

图 4-52　综合前仿真结果

5) 综合

综合结果的 RTL 视图如图 4-53 所示。

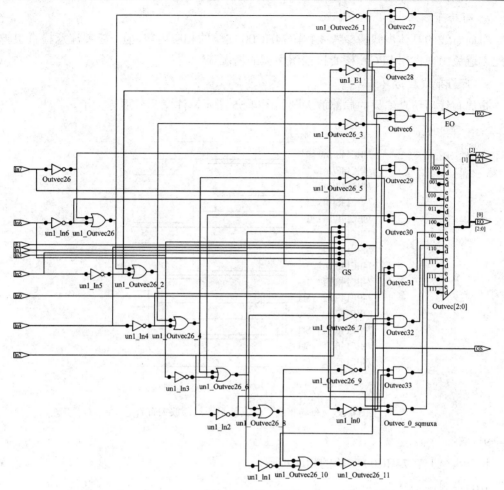

图 4-53　RTL 视图

6) 综合后仿真

综合后仿真结果的局部放大图如图 4-54 所示，已有延迟出现。

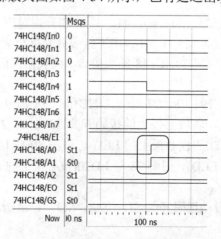

图 4-54　综合后仿真波形图局部放大查看

7) 布局布线

布局布线的具体步骤请参考 4.1 节 74HC00 实验的相应内容,但一定要注意检查引脚的分配,避免出现占用 FPGA 核心板预留引脚的情况。

8) 布局布线后仿真

布局布线后仿真结果的局部放大图如图 4-55 所示,注意到延迟更大了。

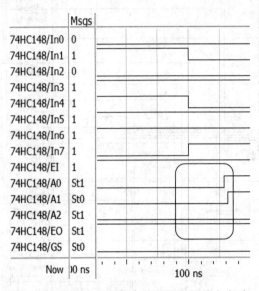

图 4-55　布局布线后仿真波形图局部放大查看

9) 烧录

请参考 4.1 节 74HC00 实验的相应步骤。

10) 实测

如果读者利用本书提供的文件来烧录,则具体引脚编号参见附录 B.4。如果读者自行设计或修改过引脚分配,则按照实际情况来连线。以下的连线说明是以附录 B.4 所列出的引脚编号为依据的。

FPGA 的引脚 44、34、35、36、40、41、42、43 分别对应 74HC148 的引脚 10、11、12、13、1、2、3、4,代表输入信号 $I_0 \sim I_7$,用连接线分别接至主板上的拨码开关 SI1~SI8。

FPGA 的引脚 45 分别对应 74HC148 的引脚 5,代表输入信号 $\overline{E_1}$,用连接线接至主板上的拨码开关 SI9。

FPGA 的引脚 81、80、79、78、77 对应 74HC148 的引脚 9、7、6、15、14,代表输出信号 A_0、A_1、A_2、E_O、G_S,将核心板上的拨码开关 S3 的 1、2、3、4、5 拨至 VCC 侧,即将 FPGA 的引脚 81 与 LD17(核心板上的 LED)、引脚 80 与 LD18(核心板上的 LED)、引脚 79 与 LD19(核心板上的 LED)、引脚 78 与 LD20(核心板上的 LED)、引脚 77 与 LD21(核心板上的 LED)接通。

按照表 4-7 的组合,拨动拨码开关 SI1~SI8、SI9,记录输出端 A_0、A_1、A_2、E_O、G_S 的结果,并填入表中。

表 4-7　74LS148 输入/输出状态

控制	十进制数字信号输入								二进制数码输出			状态输出	
$\overline{E_1}$	I_0	I_1	I_2	I_3	I_4	I_5	I_6	I_7	A_2	A_1	A_0	G_S	E_O
1	X	X	X	X	X	X	X	X					
0	1	1	1	1	1	1	1	1					
0	X	X	X	X	X	X	X	0					
0	X	X	X	X	X	X	0	1					
0	X	X	X	X	X	0	1	1					
0	X	X	X	X	0	1	1	1					
0	X	X	X	0	1	1	1	1					
0	X	X	0	1	1	1	1	1					
0	X	0	1	1	1	1	1	1					
0	0	1	1	1	1	1	1	1					

注：X 为任意状态。

2. 74HC138

1) 新建工程

请参考 4.1 节 74HC00 实验的相应步骤。

2) 输入代码

模块代码及测试平台代码可参考本书提供的文件，也可自行设计。

3) Options 设置

请参考 4.1 节 74HC00 实验的相应步骤。

4) 综合前仿真

综合前仿真结果如图 4-56 所示。

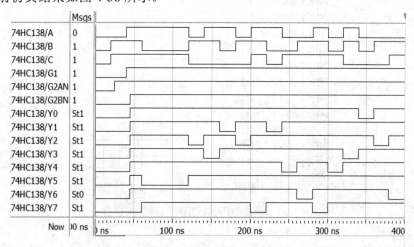

图 4-56　综合前仿真结果

5) 综合

综合结果的 RTL 视图如图 4-57 所示。

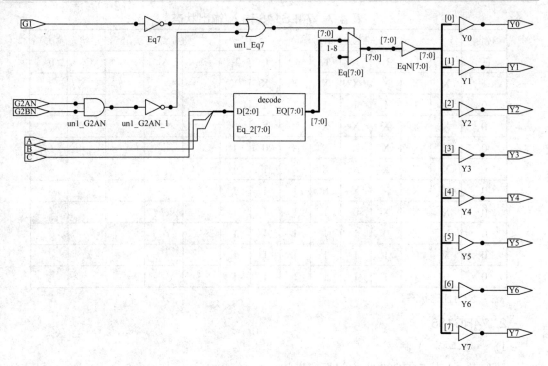

图 4-57　RTL 视图

6) 综合后仿真

综合后仿真结果的局部放大图如图 4-58 所示，出现延迟和毛刺。

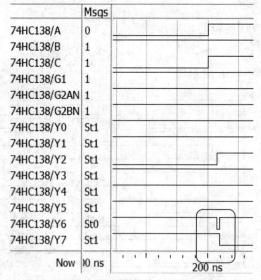

图 4-58　综合后仿真波形图局部放大查看

7) 布局布线

布局布线的具体步骤请参考 4.1 节 74HC00 实验的相应内容,但一定要注意检查引脚的分配,避免出现占用 FPGA 核心板预留引脚的情况。

8) 布局布线后仿真

布局布线后仿真结果的局部放大图如图 4-59 所示，注意到延迟更大了，毛刺也增多了。

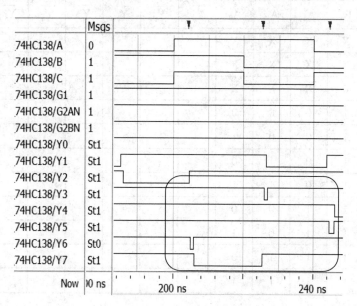

图 4-59　布局布线后仿真波形图局部放大查看

9) 烧录

请参考 4.1 节 74HC00 实验的相应步骤。

10) 实测

如果读者利用本书提供的文件来烧录，则具体引脚编号参见附录 B.4。如果读者自行设计或修改过引脚分配，则按照实际情况来连线。以下的连线说明是以附录 B.4 所列出的引脚编号为依据的。

FPGA 的引脚 31、32、33 分别对应 74HC138 的引脚 4、5、6，代表输入信号 $\overline{E_1}$、$\overline{E_2}$、E_3，用连接线分别接至主板上的拨码开关 SI1、SI2、SI3。

FPGA 的引脚 30、29、28 分别对应 74HC138 的引脚 3、2、1，代表输入信号 $A_2 \sim A_0$，用连接线分别接至主板上的拨码开关 SI4、SI5、SI6。

FPGA 的引脚 92、91、90、86、85、84、83、82 对应 74HC138 的引脚 15、14、13、12、11、10、9、7，代表输出信号 $\overline{Y_0}$、$\overline{Y_1}$、$\overline{Y_2}$、$\overline{Y_3}$、$\overline{Y_4}$、$\overline{Y_5}$、$\overline{Y_6}$、$\overline{Y_7}$，将核心板上的拨码开关 S2 的 1、2、3、4、5、6、7、8 拨至 VCC 侧，即将 FPGA 的引脚 92 与 LD9(核心板上的 LED)、引脚 91 与 LD10(核心板上的 LED)、引脚 90 与 LD11(核心板上的 LED)、引脚 86 与 LD12(核心板上的 LED)、引脚 85 与 LD13(核心板上的 LED)、引脚 84 与 LD14(核心板上的 LED)、引脚 83 与 LD15(核心板上的 LED)、引脚 82 与 LD16(核心板上的 LED) 接通。

按照表 4-8 的组合，拨动拨码开关 SI1～SI3、SI4～SI6，记录输出端 $\overline{Y_0} \sim \overline{Y_7}$ 的结果，并填入表中。

表 4-8　74HC138 输入/输出状态

使能输入			数据输入			译码输出							
$\overline{E_1}$	$\overline{E_2}$	E_3	A_2	A_1	A_0	$\overline{Y_0}$	$\overline{Y_1}$	$\overline{Y_2}$	$\overline{Y_3}$	$\overline{Y_4}$	$\overline{Y_5}$	$\overline{Y_6}$	$\overline{Y_7}$
1	X	X	X	X	X								
X	1	X	X	X	X								
X	X	0	X	X	X								
0	0	1	0	0	0								
0	0	1	0	0	1								
0	0	1	0	1	0								
0	0	1	0	1	1								
0	0	1	1	0	0								
0	0	1	1	0	1								
0	0	1	1	1	0								
0	0	1	1	1	1								

注：X 为任意状态。

3. 74HC153

1) 新建工程

请参考 4.1 节 74HC00 实验的相应步骤。

2) 输入代码

模块代码及测试平台代码可参考本书提供的文件，也可自行设计。

3) Options 设置

请参考 4.1 节 74HC00 实验的相应步骤。

4) 综合前仿真

综合前仿真结果如图 4-60 所示。

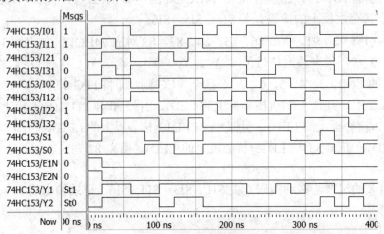

图 4-60　综合前仿真结果

5) 综合

综合结果的 RTL 视图如图 4-61 所示。

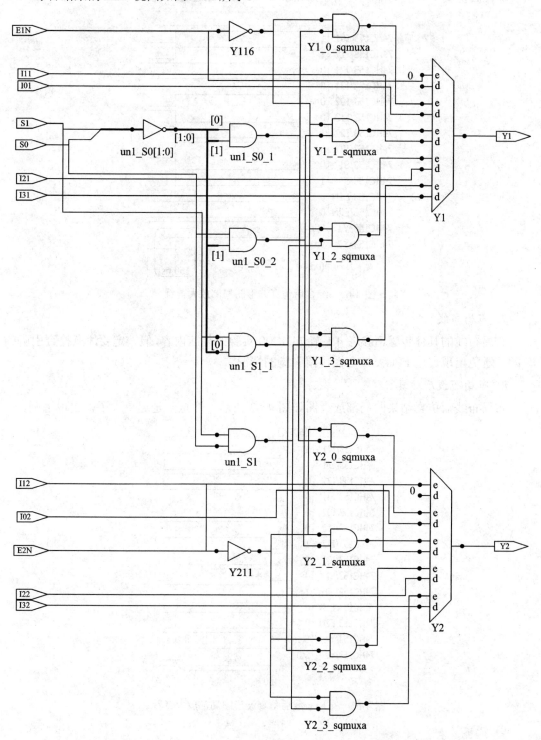

图 4-61　RTL 视图

6) 综合后仿真

综合后仿真结果的局部放大图如图 4-62 所示，已有延迟出现。

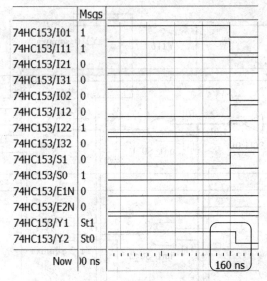

图 4-62　综合后仿真波形图局部放大查看

7) 布局布线

布局布线的具体步骤请参考 4.1 节 74HC00 实验的相应内容，但一定要注意检查引脚的分配，避免出现占用 FPGA 核心板预留引脚的情况。

8) 布局布线后仿真

布局布线后仿真结果的局部放大图如图 4-63 所示，注意到延迟更大了，出现毛刺。

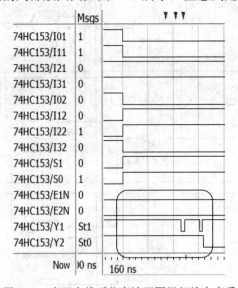

图 4-63　布局布线后仿真波形图局部放大查看

9) 烧录

请参考 4.1 节 74HC00 实验的相应步骤。

10) 实测

如果读者利用本书提供的文件来烧录，则具体引脚编号参见附录 B.4。如果读者自行设计或修改过引脚分配，则按照实际情况来连线。以下的连线说明是以附录 B.4 所列出的引脚编号为依据的。

FPGA 的引脚 46、59、58 分别对应 74HC153 的引脚 1、2、14，代表输入信号 $\overline{\text{IE}}$、S_1、S_0，用跳线分别接至主板上的拨码开关 SI1、SI2、SI3。

FPGA 的引脚 60、61、62、63 分别对应 74HC153 的引脚 6、5、4、3，代表输入信号 $1I_0 \sim 1I_3$，用跳线接至主板上的拨码开关 SI5、SI6、SI7、SI8。

FPGA 的引脚 76 对应 74HC153 的引脚 7，代表输出信号 1Y，将核心板上的拨码开关 S_3 的 6 拨至 VCC 侧，即将 FPGA 的引脚 76 与 LD22(核心板上的 LED)接通。

注：读者可以选取 74HC153 的另一组输入输出，但要认真核对相应引脚(参看附录 C.4)，以免造成设备损坏！

按照表 4-9 的组合，拨动拨码开关 SI1~SI3、SI5~SI8，记录输出端 1Y 的结果，并填入表中。

表 4-9　74HC153 输入/输出状态

选择输入		数据输入				输出使能输入	输出
S_1	S_0	$1I_0$	$1I_1$	$1I_2$	$1I_3$	$\overline{\text{IE}}$	1Y
X	X	X	X	X	X	1	
0	0	0	X	X	X	0	
0	0	1	X	X	X	0	
1	0	X	0	X	X	0	
1	0	X	1	X	X	0	
0	1	X	X	0	X	0	
0	1	X	X	1	X	0	
1	1	X	X	X	0	0	
1	1	X	X	X	1	0	

注：X 为任意状态。

4. 74HC85

1) 新建工程

请参考 4.1 节 74HC00 实验的相应步骤。

2) 输入代码

模块代码及测试平台代码可参考本书提供的文件，也可自行设计。

3) Options 设置

请参考 4.1 节 74HC00 实验的相应步骤。

4) 综合前仿真

综合前仿真结果如图 4-64 所示。

5) 综合

综合结果的 RTL 视图如图 4-65 所示。

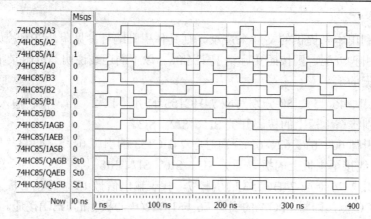

图 4-64　综合前仿真结果

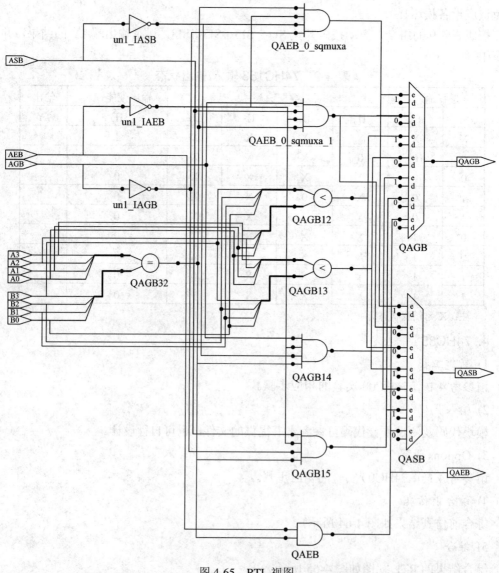

图 4-65　RTL 视图

6) 综合后仿真

综合后仿真结果的局部放大图如图 4-66 所示，已有延迟和毛刺出现。

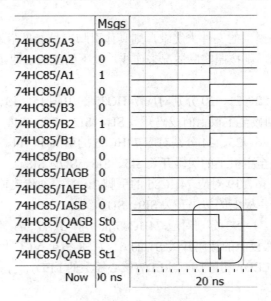

图 4-66　综合后仿真波形图局部放大查看

7) 布局布线

布局布线的具体步骤请参考 4.1 节 74HC00 实验的相应内容，但一定要注意检查引脚的分配，避免出现占用 FPGA 核心板预留引脚的情况。

8) 布局布线后仿真

布局布线后仿真结果的局部放大图如图 4-67 所示，注意到延迟和毛刺都更大了。

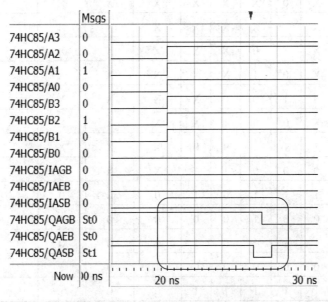

图 4-67　布局布线后仿真波形图局部放大查看

9) 烧录

请参考 4.1 节 74HC00 实验的相应步骤。

10) 实测

如果读者利用本书提供的文件来烧录，则具体引脚编号参见附录 B.4。如果读者自行设计或修改过引脚分配，则按照实际情况来连线。以下的连线说明是以附录 B.4 所列出的引脚编号为依据的。

FPGA 的引脚 23、22、21、20 分别对应 74HC85 的引脚 15、13、12、10，代表输入信号 $A_3 \sim A_0$，用跳线分别接至主板上的拨码开关 SI1、SI2、SI3、SI4。

FPGA 的引脚 27、26、25、24 分别对应 74HC85 的引脚 1、14、11、9，代表输入信号 $B_3 \sim B_0$，用跳线分别接至主板上的拨码开关 SI5、SI6、SI7、SI8。

FPGA 的引脚 15、16、19 对应 74HC85 的引脚 2、3、4，代表输入信号 $I_{A>B}$、$I_{A=B}$、$I_{A<B}$，用跳线分别接至主板上的拨码开关 SI9、SI10、SI11。

FPGA 的引脚 95、94、93 分别对应 74HC85 的引脚 5、6、7，代表输出信号 $A>B$、$A=B$ 及 $A<B$，将核心板上的拨码开关 S1 的 6、7、8 拨至 VCC 侧，即将 FPGA 的引脚 95 与 LD6(核心板上的 LED)、引脚 94 与 LD7(核心板上的 LED)、引脚 93 与 LD8(核心板上的 LED)接通。

按照表 4-10 的组合，拨动拨码开关 SI1～SI4、SI5～SI8、SI9～SI11，记录输出端 $A>B$、$A=B$ 及 $A<B$ 的结果，并填入表中。

表 4-10　74HC85 输入/输出状态

比较输入								级联输入			输出		
A_3	A_2	A_1	A_0	B_3	B_2	B_1	B_0	$I_{A>B}$	$I_{A=B}$	$I_{A<B}$	$A>B$	$A=B$	$A<B$
1	X	X	X	0	X	X	X	X	X	X			
0	X	X	X	1	X	X	X	X	X	X			
1	1	X	X	1	0	X	X	X	X	X			
0	0	X	X	0	1	X	X	X	X	X			
1	X	1	X	1	0	X	0	X	X	X			
0	0	0	X	0	0	1	X	X	X	X			
1	1	0	1	1	1	0	0	X	X	X			
0	0	1	0	0	0	1	1	X	X	X			
1	1	0	1	1	1	0	0	0	0	0			
0	1	0	0	0	0	0	0	0	0	1			
1	1	0	1	1	1	0	1	1	0	0			
0	0	0	0	0	0	0	0	0	0	1			
1	1	1	1	1	1	1	1	0	0	1			

注：X 为任意状态。

5. 74HC283

1) 新建工程

请参考 4.1 节 74HC00 实验的相应步骤。

2) 输入代码

模块代码及测试平台代码可参考本书提供的文件，也可自行设计。

3) Options 设置

请参考 4.1 节 74HC00 实验的相应步骤。

4) 综合前仿真

综合前仿真结果如图 4-68 所示。

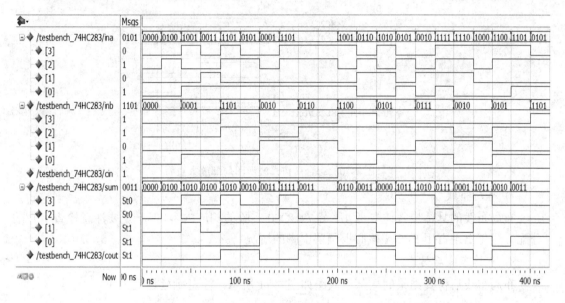

图 4-68   综合前仿真结果

5) 综合

综合结果的 RTL 视图如图 4-69 所示。

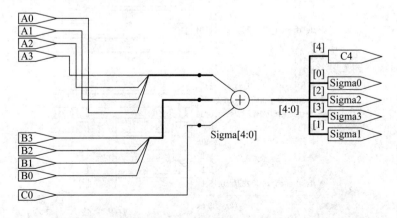

图 4-69   RTL 视图

6) 综合后仿真

综合后仿真结果的局部放大图如图 4-70 所示，已有延迟和毛刺出现。

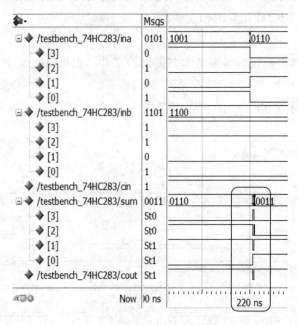

图 4-70　综合后仿真波形图局部放大查看

7) 布局布线

布局布线的具体步骤请参考 4.1 节 74HC00 实验的相应内容，但一定要注意检查引脚的分配，避免出现占用 FPGA 核心板预留引脚的情况。

8) 布局布线后仿真

布局布线后仿真结果的局部放大图如图 4-71 所示，注意到延迟更大了。

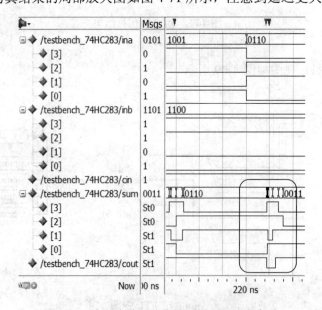

图 4-71　布局布线后仿真波形图局部放大查看

9) 烧录

请参考 4.1 节 74HC00 实验的相应步骤。

10) 实测

如果读者利用本书提供的文件来烧录，则具体引脚编号参见附录 B.4。如果读者自行设计或修改过引脚分配，则按照实际情况来连线。以下的连线说明是以附录 B.4 所列出的引脚编号为依据的。

FPGA 的引脚 5、4、3、2 分别对应 74HC283 的引脚 12、14、3、5，代表输入信号 $A_4 \sim A_1$，用跳线分别接至主板上的拨码开关 SI1、SI2、SI3、SI4。

FPGA 的引脚 10、8、7、6 分别对应 74HC283 的引脚 11、15、2、6，代表输入信号 $B_4 \sim B_1$，用跳线分别接至主板上的拨码开关 SI5、SI6、SI7、SI8。

FPGA 的引脚 11 对应 74HC283 的引脚 7，代表输入信号 C_{in}，用跳线接至主板上的拨码开关 SI9。

FPGA 的引脚 100、99、98、97、96 分别对应 74HC283 的引脚 4、1、13、10、9，代表输出信号 $S_1 \sim S_4$ 及 C_{out}，将核心板上的拨码开关 S1 的 1、2、3、4、5 拨至 VCC 侧，即将 FPGA 的引脚 100 与 LD1(核心板上的 LED)、引脚 99 与 LD2(核心板上的 LED)、引脚 98 与 LD3(核心板上的 LED)、引脚 97 与 LD4(核心板上的 LED)、引脚 96 与 LD5(核心板上的 LED)接通。

按照表 4-11 的组合，拨动拨码开关 SI1 $\sim$ SI4、SI5 $\sim$ SI8、SI9，记录输出端 $S_4 \sim S_1$、Cout 的结果，并填入表中。

表 4-11　74HC283 输入/输出状态

进位输入	4 位加数输入				4 位被加数输入				输出加法结果和进位				
C_{in}	A_4	A_3	A_2	A_1	B_4	B_3	B_2	B_1	C_{out}	S_4	S_3	S_2	S_1
0	0	0	0	0	0	1	1	0					
1	1	1	1	1	1	1	1	1					
0	0	1	1	1	0	0	1	0					
1	0	1	0	0	0	1	1	0					
1	0	1	0	0	0	1	1	1					
1	1	0	0	0	0	1	1	1					
0	1	0	0	1	1	0	0	1					

6. 74HC4511

1) 新建工程

请参考 4.1 节 74HC00 实验的相应步骤。

2) 输入代码

模块代码及测试平台代码可参考本书提供的文件，也可自行设计。

3) Options 设置

请参考 4.1 节 74HC00 实验的相应步骤。

4) 综合前仿真

综合前仿真结果如图 4-72 所示。

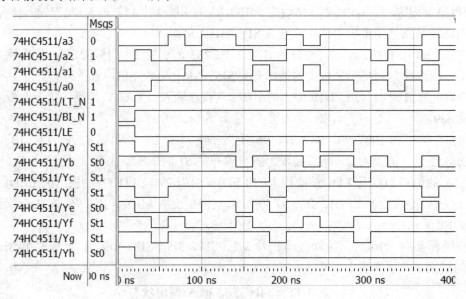

图 4-72　综合前仿真结果

5) 综合

综合结果的 RTL 视图如图 4-73 所示。

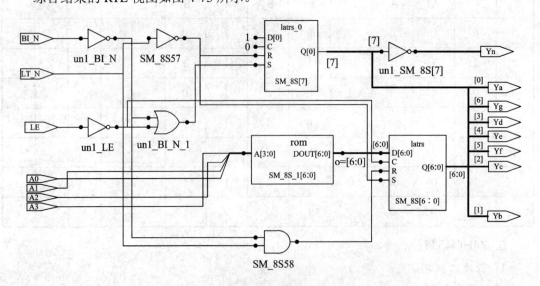

图 4-73　RTL 视图

6) 综合后仿真

综合后仿真结果的局部放大图如图 4-74 所示，已有延迟和毛刺出现。

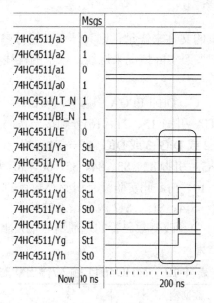

图 4-74　综合后仿真波形图局部放大查看

7) 布局布线

布局布线的具体步骤请参考 4.1 节 74HC00 实验的相应内容，但一定要注意检查引脚的分配，避免出现占用 FPGA 核心板预留引脚的情况。

8) 布局布线后仿真

布局布线后仿真结果的局部放大图如图 4-75 所示，注意到延迟更大了，有些毛刺也更大了，但有些毛刺却没有了。

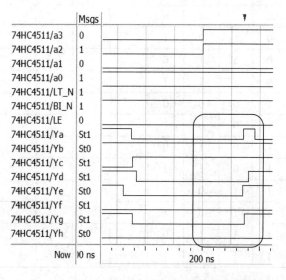

图 4-75　布局布线后仿真波形图局部放大查看

9) 烧录

请参考 4.1 节 74HC00 实验的相应步骤。

10) 实测

如果读者利用本书提供的文件来烧录，则具体引脚编号参见附录 B.2。如果读者自行设计或修改过引脚分配，则按照实际情况来连线。以下的连线说明是以附录 B.2 所列出的引脚编号为依据的。

将 74HC4511 的 A、B、C、D(即 FPGA 引脚 8、10、11、59)分别接至拨码开关 SI1～SI4，$\overline{LT}$、$\overline{BI}$、LE(即 FPGA 引脚 15、21、16)分别接至拨码开关 SI5～SI7；将数码管实验板的插针 DIG .1(或 DIG .2 或 DIG .3 或 DIG .4——对应相应的 LED 选通端)接至 JGND1。将 74HC4511 的 a～g(即 FPGA 引脚 82、83、84、85、86、90、91)连接至 LN3461Ax 的 a～g(即引脚 11、7、4、2、1、10、5)，此实验没有用到小数点的显示。

通过拨动拨码开关 SI1～SI4、SI5～SI7 改变输入的状态，观察并记录数码管的输出数码，实验结果填写在表 4-12 中。改变数码管的选通信号端，重复上述实验，也可以同时选通多个数码管，观察显示结果。

表 4-12　74HC4511 输入/输出状态

使能输入			数据输入				译码输出						
$\overline{LT}$	$\overline{BI}$	LE	D	C	B	A	a	b	c	d	e	f	g
0	X	X	X	X	X	X							
1	0	X	X	X	X	X							
1	1	0	0	0	0	0							
1	1	0	0	0	0	1							
1	1	0	0	0	1	0							
1	1	0	0	0	1	1							
1	1	0	0	1	0	0							
1	1	0	0	1	0	1							
1	1	0	0	1	1	0							
1	1	0	0	1	1	1							
1	1	0	1	0	0	0							
1	1	0	1	0	0	1							
1	1	0	1	0	1	0							
1	1	0	1	0	1	1							
1	1	0	1	1	0	0							
1	1	0	1	1	0	1							
1	1	0	1	1	1	0							
1	1	0	1	1	1	1							

注：X 为任意状态。

4.2.5　实验报告要求

(1) 提交针对 74HC148、74HC138、74HC153、74HC85、74HC283、74HC4511 的模块代码、测试平台代码、综合前仿真结果(即功能仿真结果)、综合结果、综合后仿真结果以及布局布线后仿真结果。

(2) 提交实测的结果记录表。

4.3　时序逻辑电路

4.3.1　实验目的

(1) 了解基于 Verilog 的组合逻辑电路的设计及其验证。

(2) 熟悉利用 EDA 工具进行设计及仿真的流程。

(3) 熟悉实验箱的使用及程序下载、测试的方法。

(4) 学习针对实际时序逻辑电路芯片 74HC74、74HC112、74HC194、74HC161 进行 VerilogHDL 设计的方法。

4.3.2　实验环境及仪器

(1) Libero IDE 仿真软件。

(2) DIGILOGIC-2011 数字逻辑及系统设计实验箱。

(3) Actel Proasic3 A3P030 FPGA 核心板及 Flash Pro4 烧录器。

4.3.3　实验内容

(1) 掌握 Libero IDE 软件的使用方法。

(2) 进行针对 74 系列基本时序电路的设计，并完成相应的仿真实验。

(3) 参考本书所提供文件中的设计代码、测试平台代码(可自行编程)，完成 74HC74、74HC112、74HC194、74HC161 相应的设计、综合及仿真。

(4) 将程序通过烧录器烧录至 FPGA 核心板上，并实测相应功能。

4.3.4　实验步骤

1. 74HC74

1) 新建工程

请参考 4.1 节 74HC00 实验的相应步骤。

2) 输入代码

模块代码及测试平台代码可参考本书提供的文件，也可自行设计。

3) Options 设置

请参考 4.1 节 74HC00 实验的相应步骤。

4) 综合前仿真

综合前仿真结果如图 4-76 所示。

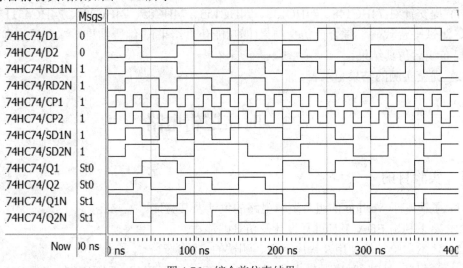

图 4-76　综合前仿真结果

5) 综合

综合结果的 RTL 视图如图 4-77 所示。

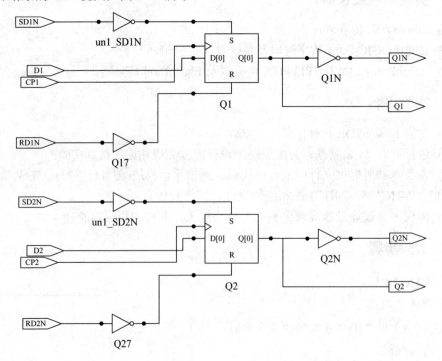

图 4-77　RTL 视图

6) 综合后仿真

综合后仿真结果的局部放大图如图 4-78 所示,已有延迟出现。

7) 布局布线

布局布线的具体步骤请参考 4.1 节 74HC00 实验的相应内容,但一定要注意检查引脚的分配,避免出现占用 FPGA 核心板预留引脚的情况。

8) 布局布线后仿真

布局布线后仿真结果的局部放大图如图 4-79 所示,注意到延迟更大了。

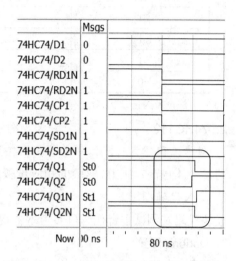

图 4-78 综合后仿真波形图局部放大查看   图 4-79 布局布线后仿真波形图局部放大查看

9) 烧录

请参考 4.1 节 74HC00 实验的相应步骤。

10) 实测

如果读者利用本书提供的文件来烧录,则具体引脚编号参见附录 B.5。如果读者自行设计或修改过引脚分配,则按照实际情况来连线。以下的连线说明是以附录 B.5 所列出的引脚编号为依据的。

FPGA 的引脚 5、2 分别对应 74HC74 的引脚 4、1,代表输入信号 $1\bar{S}_D$、$1\bar{R}_D$,用连接线分别接至主板上的拨码开关 SI1、SI2。

FPGA 的引脚 4 对应 74HC74 的引脚 3,代表输入信号 1CP,用连接线将 1Hz 时钟信号接至该引脚。

FPGA 的引脚 3 对应 74HC74 的引脚 2,代表输入信号 1D,用连接线接至主板上的拨码开关 SI3。

FPGA 的引脚 100、99 对应 74HC74 的引脚 5、6,代表输出信号 1Q、$1\bar{Q}$,将核心板上的拨码开关 S1 的 1、2 拨至 VCC 侧,即将 FPGA 的引脚 100 与 LD1(核心板上的 LED)、引脚 99 与 LD2(核心板上的 LED)接通。

尝试将单脉冲信号及时钟信号(1Hz 或 0.1Hz)接至输入端 1D,观察 LD1～LD2 的变化。

注:读者可以选取 74HC74 的另一组输入输出,但要认真核对相应引脚(参看附录 B.5),以免造成设备损坏!

按照表 4-13 的组合，拨动拨码开关 SI1～SI3，记录输出端 1Q、$1\overline{Q}$ 的结果，并填入表中。

表 4-13　74HC74 输入/输出状态

输　入				输　出	
置位输入 $1\overline{S}_D$	复位输入 $1\overline{R}_D$	CP	D	1Q	$1\overline{Q}$
0	1	X	X		
1	0	X	X		
1	1	↑	0		
1	1	↑	1		
0	0	X	X		

注：X 为任意状态。

2. 74HC112

1) 新建工程

请参考 4.1 节 74HC00 实验的相应步骤。

2) 输入代码

模块代码及测试平台代码可参考本书提供的文件，也可自行设计。

3) Options 设置

请参考 4.1 节 74HC00 实验的相应步骤。

4) 综合前仿真

综合前仿真结果如图 4-80 所示。

5) 综合

综合结果的 RTL 视图如图 4-81 所示。

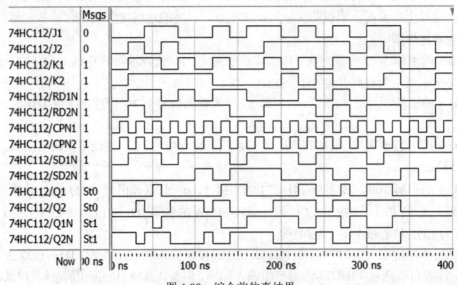

图 4-80　综合前仿真结果

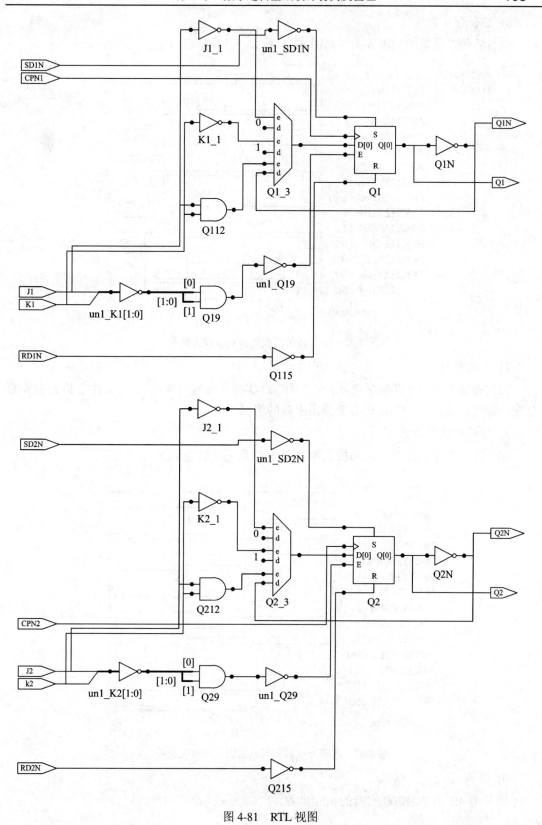

图 4-81　RTL 视图

6) 综合后仿真

综合后仿真结果的局部放大图如图 4-82 所示，已有延迟出现。

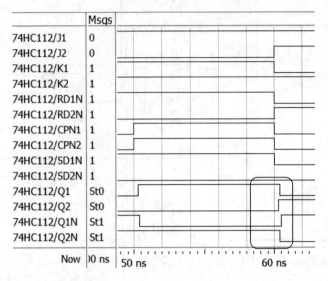

图 4-82　综合后仿真波形图局部放大查看

7) 布局布线

布局布线的具体步骤请参考 4.1 节 74HC00 实验的相应内容，但一定要注意检查引脚的分配，避免出现占用 FPGA 核心板预留引脚的情况。

8) 布局布线后仿真

布局布线后仿真结果的局部放大图如图 4-83 所示，注意到延迟更大了。

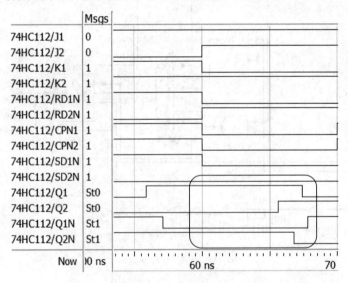

图 4-83　布局布线后仿真波形图局部放大查看

9) 烧录

请参考 4.1 节 74HC00 实验的相应步骤。

10) 实测

如果读者利用本书提供的文件来烧录，则具体引脚编号参见附录 B.5。如果读者自行设计或修改过引脚分配，则按照实际情况来连线。以下的连线说明是以附录 B.5 所列出的引脚编号为依据的。

FPGA 的引脚 19、20 分别对应 74HC112 的引脚 4、15，代表输入信号 $1\overline{S}_D$、$1\overline{R}_D$，用连接线分别接至主板上的拨码开关 SI1、SI2。

FPGA 的引脚 11 对应 74HC112 的引脚 1，代表输入信号 $1\overline{CP}$，用连接线将 1Hz 时钟信号接至该引脚。

FPGA 的引脚 15、16 分别对应 74HC112 的引脚 2、3，代表输入信号 1K、1J，用连接线分别接至主板上的拨码开关 SI3、SI4。

FPGA 的引脚 96、95 对应 74HC112 的引脚 5、6，代表输出信号 1Q、$1\overline{Q}$，将核心板上的拨码开关 S1 的 5、6 拨至 VCC 侧，即将 FPGA 的引脚 96 与 LD5(核心板上的 LED)、引脚 95 与 LD6(核心板上的 LED)接通。

尝试将单脉冲信号及时钟信号(1Hz 或 0.1Hz)接至输入端 1D，观察 LD5~LD6 的变化。

注：读者可以选取 74HC112 的另一组输入输出，但要认真核对相应引脚(参看附录 B.5)，以免造成设备损坏！

按照表 4-14 的组合，拨动拨码开关 SI1~SI2、SI3~SI4，记录输出端 1Q、$1\overline{Q}$ 的结果，并填入表中。

表 4-14　74HC112 输入/输出状态

输　　入					输　　出	
置位输入$1\overline{S}_D$	复位输入$1\overline{R}_D$	$1\overline{CP}$	1J	1K	1Q	$1\overline{Q}$
0	1	X	X	X		
1	0	X	X	X		
1	1	↓	1	1		
1	1	↓	0	1		
1	1	↓	1	0		
0	0	X	X	X		

注：X 为任意状态。

3. 74HC194

1) 新建工程

请参考 4.1 节 74HC00 实验的相应步骤。

2) 输入代码

模块代码及测试平台代码可参考本书提供的文件，也可自行设计。

3) Options 设置

请参考 4.1 节 74HC00 实验的相应步骤。

4) 综合前仿真

综合前仿真结果如图 4-84 所示。

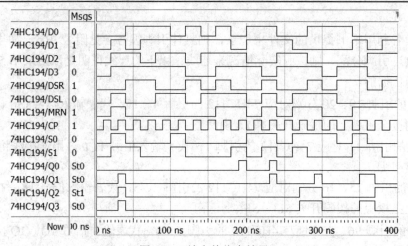

图 4-84　综合前仿真结果

5) 综合

综合结果的 RTL 视图如图 4-85 所示。

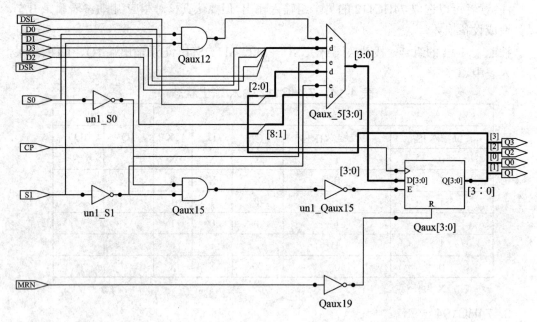

图 4-85　RTL 视图

6) 综合后仿真

综合后仿真结果的局部放大图如图 4-86 所示，已有延迟出现。

7) 布局布线

布局布线的具体步骤请参考 4.1 节 74HC00 实验的相应内容，但一定要注意检查引脚的分配，避免出现占用 FPGA 核心板预留引脚的情况。

8) 布局布线后仿真

布局布线后仿真结果的局部放大图如图 4-87 所示，注意到延迟更大了。

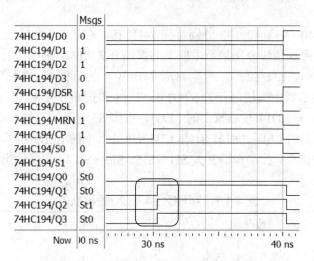

图 4-86 综合后仿真波形图局部放大查看

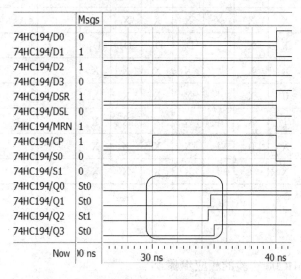

图 4-87 布局布线后仿真波形图局部放大查看

9) 烧录

请参考 4.1 节 74HC00 实验的相应步骤。

10) 实测

如果读者利用本书提供的文件来烧录，则具体引脚编号参见附录 B5。如果读者自行设计或修改过引脚分配，则按照实际情况来连线。以下的连线说明是以附录 B.5 所列出的引脚编号为依据的。

FPGA 的引脚 35、46、45 分别对应 74HC194 的引脚 1、10、9，代表输入信号 $\overline{MR}$、S_1、S_0，用连接线分别接至主板上的拨码开关 SI1、SI2、SI3。

FPGA 的引脚 36、44 分别对应 74HC194 的引脚 2、7，代表输入信号 D_{SR}、D_{SL}，用连接线分别接至主板上的拨码开关 SI4、SI5。

FPGA 的引脚 57 对应 74HC194 的引脚 11，代表输入信号 CP，用连接线将 1Hz 时钟信号接至该引脚。

FPGA 的引脚 40、41、42、43 分别对应 74HC194 的引脚 3、4、5、6，代表输入信号 D_0、D_1、D_2、D_3，用连接线分别接至主板上的拨码开关 SI9、SI10、SI11、SI12。

FPGA 的引脚 84、83、82、81 分别对应 74HC194 的引脚 15、14、13、12，代表输出信号 $Q_0 \sim Q_3$，将核心板上的拨码开关 S2 的 6、7、8 和拨码开关 S3 的 1 拨至 VCC 侧，即将 FPGA 的引脚 84 与 LD14(核心板上的 LED)、引脚 83 与 LD15(核心板上的 LED)、引脚 82 与 LD16(核心板上的 LED)、引脚 81 与 LD17(核心板上的 LED)接通。

按照表 4-15 的组合，拨动拨码开关 SI1～SI5、SI0～SI12，记录输出端 $Q_0 \sim Q_3$ 的结果，并填入表中。

表 4-15　74HC194 输入/输出状态

输　　入									输　　出			
$\overline{MR}$	模　式		串　行		CP	并　行				Q_0^{n+1}	Q_1^{n+1}	Q_2^{n+1}	Q_3^{n+1}
	S_1	S_0	D_{SR}	D_{SL}		D_0	D_1	D_2	D_3				
0	X	X	X	X	X	X	X	X	X				
1	1	1	X	X	↑	D_0	D_1	D_2	D_3				
1	0	0	X	X	↑	X	X	X	X				
1	0	1	0	X	↑	X	X	X	X				
1	0	1	1	X	↑	X	X	X	X				
1	1	0	X	0	↑	X	X	X	X				
1	1	0	X	1	↑	X	X	X	X				

注：X 为任意状态。

4. 74HC161

1) 新建工程

请参考 4.1 节 74HC00 实验的相应步骤。

2) 输入代码

模块代码及测试平台代码可参考本书提供的文件，也可自行设计。

3) Options 设置

请参考 4.1 节 74HC00 实验的相应步骤。

4) 综合前仿真

综合前仿真结果如图 4-88 所示。

5) 综合

综合结果的 RTL 视图如图 4-89 所示。

6) 综合后仿真

综合后仿真结果的局部放大图如图 4-90 所示，已有延迟出现。

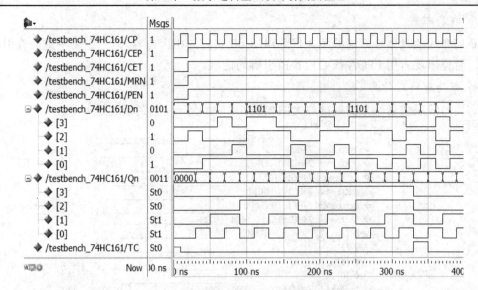

图 4-88　综合前仿真结果

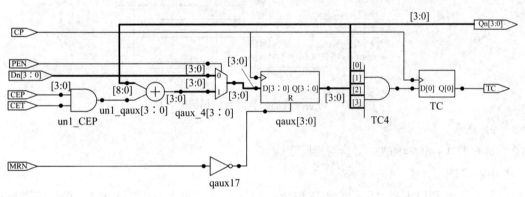

图 4-89　RTL 视图

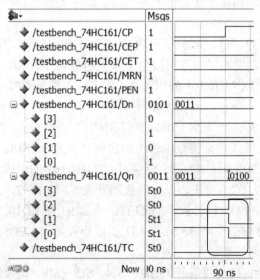

图 4-90　综合后仿真波形图局部放大查看

7) 布局布线

布局布线的具体步骤请参考 4.1 节 74HC00 实验的相应内容, 但一定要注意检查引脚的分配, 避免出现占用 FPGA 核心板预留引脚的情况。

8) 布局布线后仿真

布局布线后仿真结果的局部放大图如图 4-91 所示, 注意到延迟更大了。

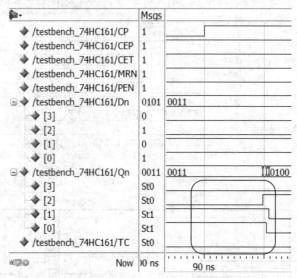

图 4-91　布局布线后仿真波形图局部放大查看

9) 烧录

请参考 4.1 节 74HC00 实验的相应步骤。

10) 实测

如果读者利用本书提供的文件来烧录, 则具体引脚编号参见附录 B.5。如果读者自行设计或修改过引脚分配, 则按照实际情况来连线。以下的连线说明是以附录 B.5 所列出的引脚编号为依据的。

FPGA 的引脚 26、32、33、34 分别对应 74HC161 的引脚 1、7、10、9, 代表输入信号 $\overline{MR}$、CEP、CET、$\overline{PE}$, 用连接线分别接至主板上的拨码开关 SI1、SI2、SI3、SI4。

FPGA 的引脚 27 对应 74HC161 的引脚 2, 代表输入信号 CP, 用连接线将 1Hz 时钟信号接至该引脚。

FPGA 的引脚 31、30、29、28 分别对应 74HC161 的引脚 6、5、4、3, 代表输入信号 D_3、D_2、D_1、D_0, 用连接线分别接至主板上的拨码开关 SI5、SI6、SI7、SI8。

FPGA 的引脚 86、90、91、92、85 分别对应 74HC161 的引脚 11、12、13、14、15, 代表输出信号 $Q_3 \sim Q_0$ 及 TC, 将核心板上的拨码开关 S2 的 1、2、3、4、5 拨至 VCC 侧, 即将 FPGA 的引脚 92 与 LD9(核心板上的 LED)、引脚 91 与 LD10(核心板上的 LED)、引脚 90 与 LD11(核心板上的 LED)、引脚 86 与 LD12(核心板上的 LED)、引脚 85 与 LD13(核心板上的 LED)接通。

按照表 4-16 的组合, 拨动拨码开关 SI1~SI4、SI5~SI8, 记录输出端 $Q_3 \sim Q_0$ 及 TC 的结果, 并填入表中。

表 4-16　74HC161 输入/输出状态

输入									输出				
$\overline{MR}$	CP	CEP	CET	$\overline{PE}$	D_3	D_2	D_1	D_0	Q_3	Q_2	Q_1	Q_0	TC
0	X	X	X	X	X	X	X	X					
1	↑	X	X	0	0	0	0	0					
1	↑	1	1	0	D_3	D_2	D_1	D_0					
1	↑	1	1	1	X	X	X	X					
1	X	0	X	1	X	X	X	X					
1	X	X	0	1	X	X	X	X					

注：X 为任意状态。

4.3.5　实验报告要求

(1) 提交针对 74HC74、74HC112、74HC194、74HC161 的模块代码、测试平台代码、综合前仿真结果(即功能仿真结果)、综合结果、综合后仿真结果以及布局布线后仿真结果。

(2) 提交实测的结果记录表。

第 5 章　数字逻辑综合设计仿真及验证

5.1　基于 VerilogHDL 的组合逻辑综合实验

5.1.1　实验目的

(1) 进一步熟悉利用 EDA 工具进行设计及仿真的流程。

(2) 了解利用 EDA 工具中的图形化设计界面进行综合设计的流程。

(3) 了解芯片烧录的流程及步骤。

(4) 掌握分析问题、解决问题的综合能力，通过 EDA 工具设计出能解决实际问题的电路。

5.1.2　实验环境及仪器

(1) Libero IDE 仿真软件。

(2) DIGILOGIC-2011 数字逻辑及系统设计实验箱。

(3) Actel Proasic3 A3P030 FPGA 核心板及 Flash Pro4 烧录器。

5.1.3　实验内容

1. 编码器扩展实验

设计一个电路：当按下小于等于 9 的按键后，显示数码管显示数字，当按下大于 9 的按键后，显示数码管不显示数字。若同时按下几个按键，则优先级别从 9 到 0 依次降低。

本实验需要两个编码器 74HC148、一个数码显示译码器 74HC4511、一个共阴极八段显示数码管 LN3461Ax 和一个数值比较器 74HC85。

本设计利用 Libero IDE SmartDesign 图形化设计工具，采用图文混合设计方法进行设计。设计开始前，先将本设计需用到的 VerilogHDL 模块文件(前面已经设计好的)拷贝至"...\extend_coder\"目录下。下面详细介绍本实验的主要设计步骤。

1) 新建工程

输入工程名 extend_coder，如图 5-1 所示，然后按照图 5-2 所示，选择相应配置文件，再点"Finish"完成创建。

图 5-1　新建 extend_coder 工程

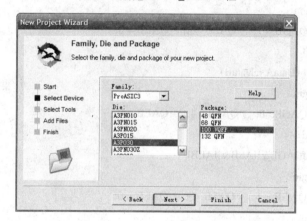

图 5-2　选择相应配置文件

2) 导入设计文件

选择菜单"File→Import Files…",选择已经做好的 74HC85、74HC148 及 74HC4511 模块代码文件,如图 5-3 所示。

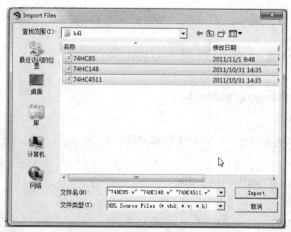

图 5-3　导入设计文件

导入的模块代码如下：

```verilog
// 74HC85.v
module   HC85(A3,A2,A1,A0,B3,B2,B1,B0,QAGB, QASB, QAEB, IAGB, IASB, IAEB);
input A3,A2,A1,A0,B3,B2,B1,B0,IAGB, IASB, IAEB;
output   QAGB, QASB, QAEB;
reg   QAGB, QASB, QAEB;
wire [3:0] DataA, DataB;
assign DataA= {A3, A2, A1, A0};
assign DataB= {B3, B2, B1, B0};
always @ (DataA or DataB)
    begin
      if (DataA > DataB)
        begin
           QAGB = 1;    QASB =0;    QAEB = 0;
        end
      else if (DataA < DataB)
        begin
           QAGB =0;    QASB = 1;    QAEB = 0;
        end
      else if(IAGB&!IASB&!IAEB)
        begin
           QAGB = 1;    QASB =0;    QAEB = 0;
        end
      else if(!IAGB&IASB&!IAEB)
        begin
           QAGB =0;    QASB = 1;    QAEB = 0;
        end
      else if(IAEB)
        begin
           QAEB = 1;    QASB =0;    QAGB = 0;
        end
      else if(IAGB&IASB&!IAEB)
        begin
           QAGB = 0;    QASB =0;    QAEB = 0;
        end
      else if(!IAGB&!IASB&!IAEB)
        begin
           QAGB = 1;    QASB =1;    QAEB = 0;
        end
```

```verilog
        end
    endmodule

// HC148.v
module    encoder8_3_1(DataIn, EO, Dataout,EI,GS);
    input [7:0]DataIn;
    input EI;
    output EO;
    output [2:0]Dataout;
    output GS;
    reg [2:0] Dataout;
    reg   EO;
    reg   GS;
    integer I;
    always @ (DataIn or EI)
        begin:local
            if(EI)
                begin
                    Dataout=7;
                    EO=1;
                    GS=1;
                end
            else if(DataIn==8'b11111111)
                begin
                    Dataout=7;
                    EO=0;
                    GS=1;
                end
            else
                for (I = 0 ; I <8 ; I = I + 1)
                    begin
                        if (~DataIn [I])
                            begin
                                Dataout= ~I;
                                EO=1;
                                GS=0;
                            end
                    end
            end
```

```verilog
endmodule

// 74HC4511.v
module HC4511(A,Seg,LT_N,BI_N,LE);
input LT_N,BI_N,LE;
input[3:0] A;
output[7:0] Seg;
reg [7:0] SM_8S;
always @(A or LT_N or BI_N or LE)
    begin
      if(!LT_N) SM_8S=8'b11111111;
      else if(!BI_N) SM_8S=8'b00000000;
      else if(LE) SM_8S=SM_8S;
      else
        case(A)
          4'd0:SM_8S=8'b00111111;
          4'd1:SM_8S=8'b00000110;
          4'd2:SM_8S=8'b01011011;
          4'd3:SM_8S=8'b01001111;
          4'd4:SM_8S=8'b01100110;
          4'd5:SM_8S=8'b01101101;
          4'd6:SM_8S=8'b01111101;
          4'd7:SM_8S=8'b00000111;
          4'd8:SM_8S=8'b01111111;
          4'd9:SM_8S=8'b01101111;
          4'd10:SM_8S=8'b01110111;
          4'd11:SM_8S=8'b01111100;
          4'd12:SM_8S=8'b00111001;
          4'd13:SM_8S=8'b01011110;
          4'd14:SM_8S=8'b01111001;
          4'd15:SM_8S=8'b01110001;
          default:;
        endcase
    end
  assign Seg=SM_8S;
endmodule
```

3) 打开 SmartDesign

在 Project Flow 窗口中，点击 SmartDesign 按钮，建立名为 extend_coder 的设计文件，

如图 5-4 所示。在 Design Explorer 窗口中，在刚建立的文件上点右键，选择"Set As Root"，将其设为根文件，如图 5-5 所示。

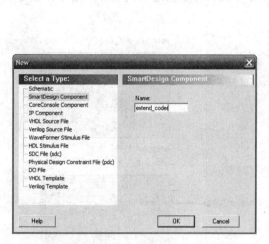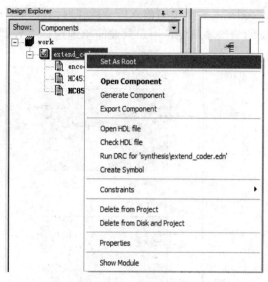

图 5-4　建立 SmartDesign 元件文件　　　　　　图 5-5　建立根设计文件

4) 模块导入并利用 Grid 工具进行连接设计

先将两个 encoder_8_3_1(HC_148)拖曳至设计中，设计自动命名为 encoder_8_3_1_0 及 encoder_8_3_1_1，分别将 encoder_8_3_1_0 及 encoder_8_3_1_1 的输入信号 DataIn[7:0]、EI 连至顶层。以 encoder_8_3_1_0 的 DataIn[7:0]操作为例，首先点击 encoder_8_3_1_0 的 DataIn[7:0]，如图 5-6 所示。用同样的方法添加 HC85、HC4511 实例到画布中，然后点击鼠标右键，如图 5-7 所示。

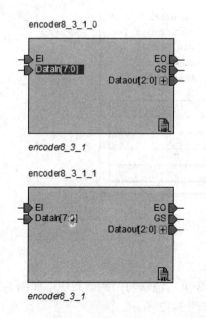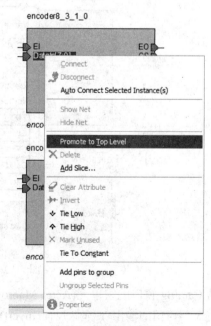

图 5-6　导入模块并点击 DataIn[7:0]　　　　　　图 5-7　弹出快捷菜单

点击"Promote to Top Level",得到如图 5-8 所示界面。

重复进行上述操作,可以完成相应输入信号至顶层的连接。注意:当进行 encoder_8_3_1_1 的输入信号操作时,因为与 encoder_8_3_1_0 的端口名相同,所以系统会提示修改端口名,用户只要简单地选择"Yes"就可以了。全部连接完成后,结果如图 5-9 所示。

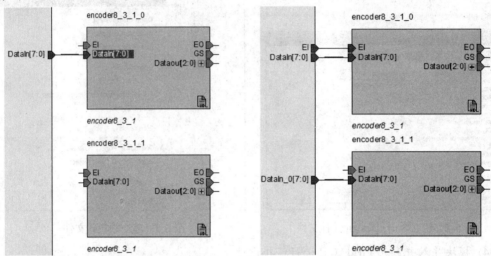

图 5-8　连接输入信号至顶层　　　　　图 5-9　完成输入信号至顶层的连接

双击 encoder8_3_1 实例名字位置,修改名称为"HC148_1",如图 5-10 所示。这一步并不是必须的,只是为了命名的统一。

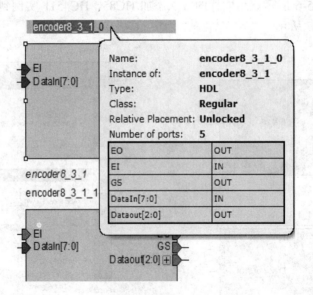

图 5-10　修改实例名称

从 Catalog 窗口的宏单元(Actel Macros)中例化 3 个二输入与门到画布中,如图 5-11 所示,将 3 个与门的输出 Y 都做反向(Invert)处理,如图 5-12 所示。

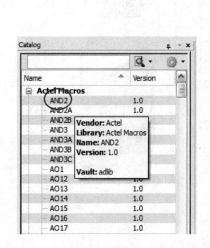

图 5-11　选取与门

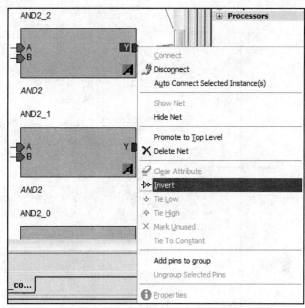

图 5-12　输出 Y 反向处理

进行 16-4 线编码器的扩展：分别将 HC148_1(高位)及 HC148_0(低位)的输入信号连至顶层；HC148_0 的 EO 输出端标记为不使用；将 HC148_1 及 HC148_0 的 Dataout[2:0]分别连至 3 个与门的输入端；另外将 HC148_1 的输出 EO 连至 HC148_0 的 EI 输入端。

设置 HC85_0 模块：将 16-4 线编码器的对应输出接入 HC85_0 模块，设置 B3、B1、IAEB端口接入高电平(Tie High)；设置 B2、B0、IAGB、IASB 接入低电平(Tie Low)；QAGB、QAEB 设置为不使用(Mark Unused)。

设置 HC4511_0 模块：将 16-4 线编码器的对应输出接入 HC4511_0 模块；将 HC85_0的 QASB 输出接入 HC4511_0 模块的 BI_N 端口；设置 LT_N 接入高电平、LE 端口接入低电平；将 Seg[7:0]连接到顶层(即 LED 数码管输出驱动信号)。

完成所有连线后如图 5-13 所示。需要注意的是，本来 HC148_1 和 HC148_0 的 GS 输出端在本设计中可以不使用，但不能将它们标记为不使用，而是需要用一个与门将它们与起来后，与门输出端信号连接至顶层。这一处理将会影响到后边进行引脚分配时的正确性。读者可自行对比一下做与不做此处理在引脚分配时的不同结果。

5) 检查

选择"SmartDesign"→"Check Design Rules"菜单项，工具会自动检查设计是否存在问题，如果发现问题，就按照检查结果的提示进行修正，如图 5-14 所示。

6) 生成设计

如果没有发现设计错误，选择"Smartdesign"→"Generate Design…"菜单项，就可以生成设计的顶层文件，如图 5-15 所示。

另一种方法是利用鼠标右键，选择"Generate Design…"，也可以生成设计的顶层文件。

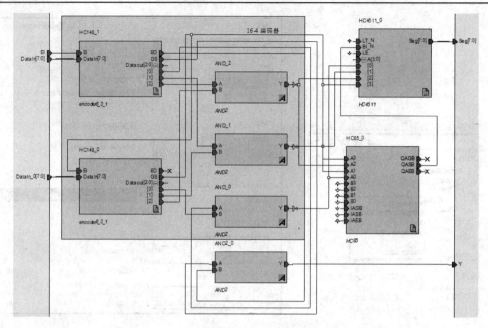

图 5-13　完成所有连线

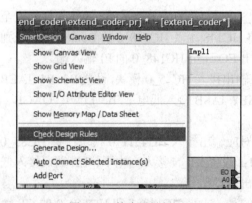

图 5-14　检查设计规则

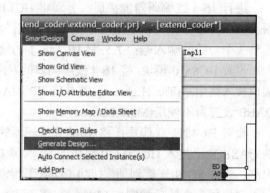

图 5-15　生成设计的顶层文件

设计说明:

① 请注意 HC148 是以低电平为 1,而 HC85 和 HC4511 是以高电平为 1;

② HC85 的接线表示判断输入数据是否比 10 小(输出 QASB);

③ HC85 的 QASB 连接 HC4511 的 BI_N 端口,表示输入数据≥10 的话,就清空输出结果。

7) 功能仿真

测试平台的代码如下:

```
`timescale 1ns/1ns
module testbench;
    reg[7:0] datain,datain_0;
    reg ei;
    reg[15:0] in,invec;
```

```
wire [7:0] seg;
extend_coder    testcoder(.DataIn(datain),.DataIn_0(datain_0),.EI(ei),.Seg(seg));

initial
    begin
      in=16'b0000000000000001;
      repeat(17)
        begin
          invec=~in;        // 148 芯片中，输入数据作了反向处理
          {datain,datain_0}=invec;
          #20;
          in=in<<1;
        end
    end

endmodule
```

ModelSim 的仿真结果如图 5-16 所示。datain 为高位(15～8)数据，datain_0 为低位(7～0) 数据。仿真开始，当 datain 为 11111111，datain_0 为 11111110 时，即输入 invec=1111111111111110，表示第 0 位有信号输入(注意 148 是反向处理的)，因此输出结果为 seg=3f(即显示 0，查看 HC4511 设计文件)。

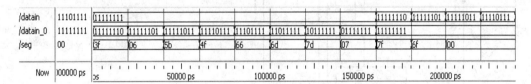

图 5-16　功能仿真结果

但查看完整波形信号时(如图 5-17 所示)发现，在最后输入数据变为 1111111111111111(16 位)，即表示什么输入都没有的时候，输出显示又会变回 3f(即显示 0)，那是因为该电路结构只判断了大于 9 后清除显示，而没有处理当没有输入时的显示内容。

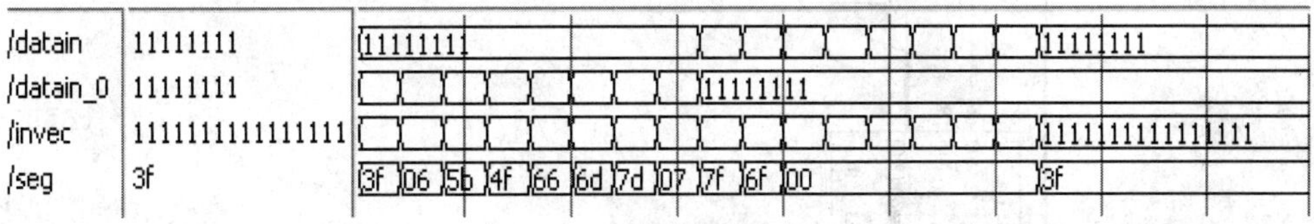

图 5-17　仿真波形(全局)

不按键时显示 0，在实际要求中也是可以接受的。如果不符合要求，则可以把目前的比较条件从 "A< b1010" 改为 "(A< 'b1010)&(A=0)"，相应需增加一个比较器和与门，布线也需进行修改。具体操作请读者自行进行。

8) 综合

综合结果如图 5-18 所示。

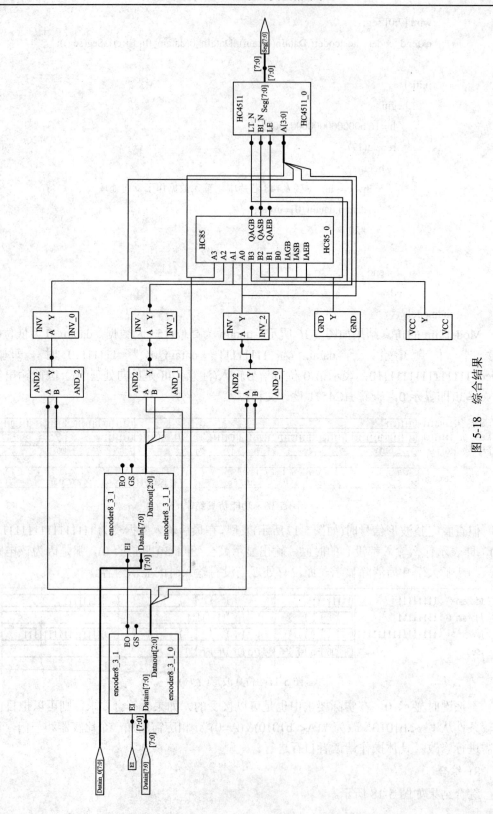

图 5-18 综合结果

9) 综合后仿真

再次点击 ModelSim 图标，综合后的仿真结果表面上看与功能仿真基本相同，但是将仿真波形放大后，会发现门电路的传输时间引起了变化，出现了延迟和毛刺的现象，如图 5-19 所示，请读者认真理解、思考。

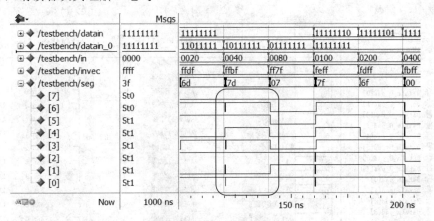

图 5-19　综合后仿真结果

10) 布局布线并反标，生成烧录文件

点击 Designer 图标，进行布局布线，操作过程中的对话均简单确认即可。首先点击编译图标"Compile"，成功运行后，图标以绿色表示，如图 5-20 所示。

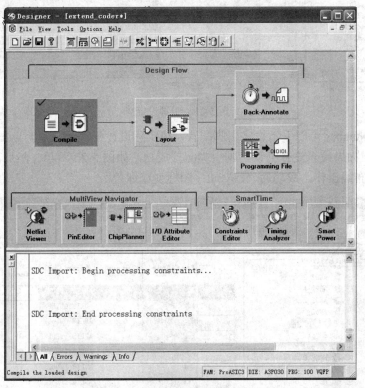

图 5-20　布局布线

如果需要进行引脚设定，则需点击"I/O Attribute Editor"，不能使用 FPGA 核心板已经占用的引脚，详见附录 B.1，界面如图 5-21 所示。

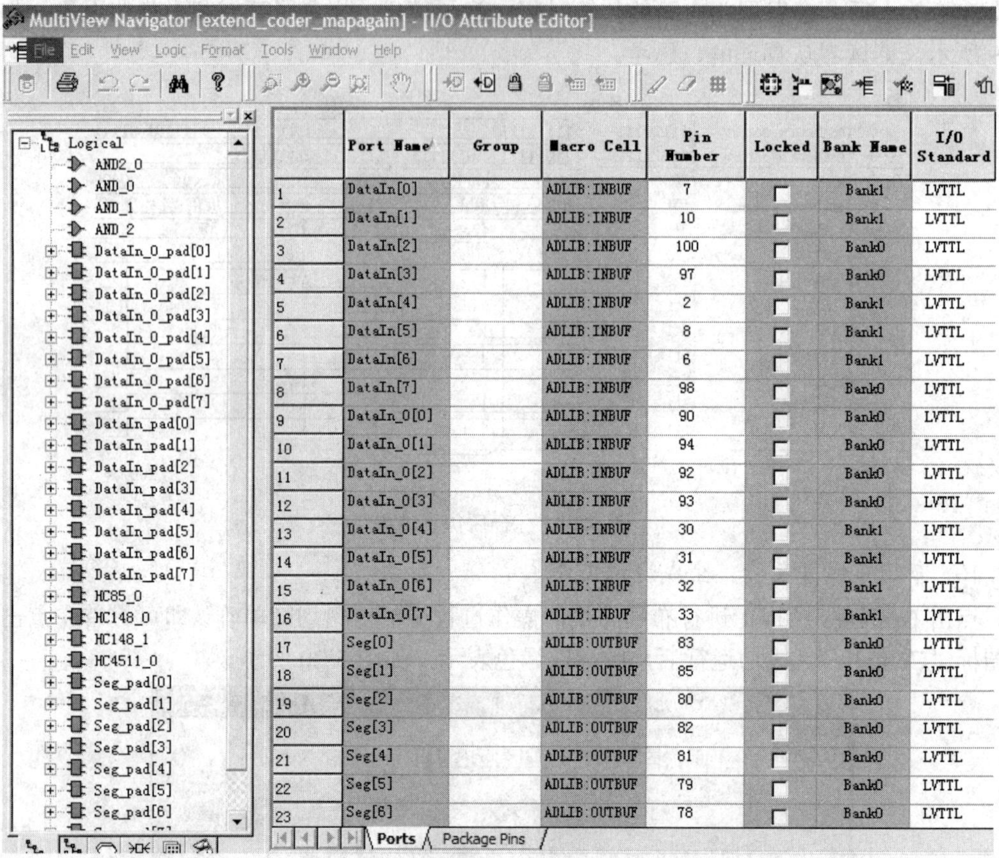

	Port Name	Group	Macro Cell	Pin Number	Locked	Bank Name	I/O Standard
1	DataIn[0]		ADLIB:INBUF	7		Bank1	LVTTL
2	DataIn[1]		ADLIB:INBUF	10		Bank1	LVTTL
3	DataIn[2]		ADLIB:INBUF	100		Bank0	LVTTL
4	DataIn[3]		ADLIB:INBUF	97		Bank0	LVTTL
5	DataIn[4]		ADLIB:INBUF	2		Bank1	LVTTL
6	DataIn[5]		ADLIB:INBUF	8		Bank1	LVTTL
7	DataIn[6]		ADLIB:INBUF	6		Bank1	LVTTL
8	DataIn[7]		ADLIB:INBUF	98		Bank0	LVTTL
9	DataIn_0[0]		ADLIB:INBUF	90		Bank0	LVTTL
10	DataIn_0[1]		ADLIB:INBUF	94		Bank0	LVTTL
11	DataIn_0[2]		ADLIB:INBUF	92		Bank0	LVTTL
12	DataIn_0[3]		ADLIB:INBUF	93		Bank0	LVTTL
13	DataIn_0[4]		ADLIB:INBUF	30		Bank1	LVTTL
14	DataIn_0[5]		ADLIB:INBUF	31		Bank1	LVTTL
15	DataIn_0[6]		ADLIB:INBUF	32		Bank1	LVTTL
16	DataIn_0[7]		ADLIB:INBUF	33		Bank1	LVTTL
17	Seg[0]		ADLIB:OUTBUF	83		Bank0	LVTTL
18	Seg[1]		ADLIB:OUTBUF	85		Bank0	LVTTL
19	Seg[2]		ADLIB:OUTBUF	80		Bank0	LVTTL
20	Seg[3]		ADLIB:OUTBUF	82		Bank0	LVTTL
21	Seg[4]		ADLIB:OUTBUF	81		Bank0	LVTTL
22	Seg[5]		ADLIB:OUTBUF	79		Bank0	LVTTL
23	Seg[6]		ADLIB:OUTBUF	78		Bank0	LVTTL

图 5-21　引脚设定

点击 Pin Number 可以手工设定引脚配置，按实际设计配置完成后，点击"Commit and Check"按钮，如果检查没有错误，则引脚配置成功，如图 5-22 所示。然后点击"Layout"图标完成布局布线操作，成功后"Layout"图标变成绿色。

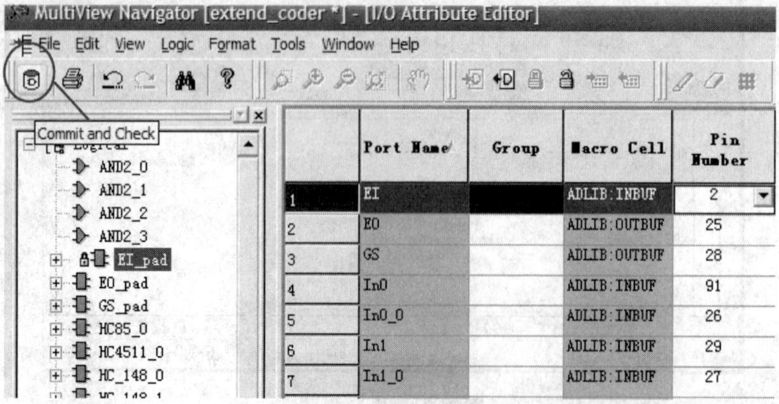

	Port Name	Group	Macro Cell	Pin Number
1	EI		ADLIB:INBUF	2
2	EO		ADLIB:OUTBUF	25
3	GS		ADLIB:OUTBUF	28
4	In0		ADLIB:INBUF	91
5	In0_0		ADLIB:INBUF	26
6	In1		ADLIB:INBUF	29
7	In1_0		ADLIB:INBUF	27

图 5-22　检查引脚配置

点击"Back Annotate"图标进行连线延时参数文件的生成,如图 5-23 所示。

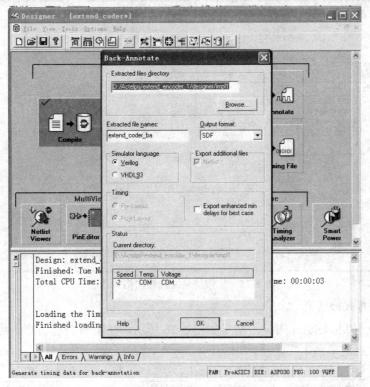

图 5-23 进行反标

点击"Programming File"生成 FPGA 的烧录文件,如图 5-24 所示。

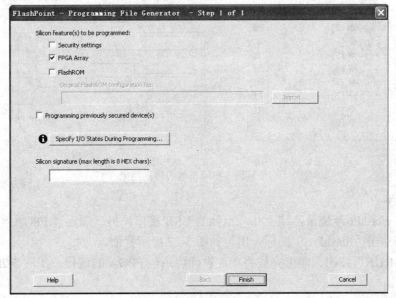

图 5-24 生成烧录文件

生成烧录文件有多个选项,如图 5-25 所示。

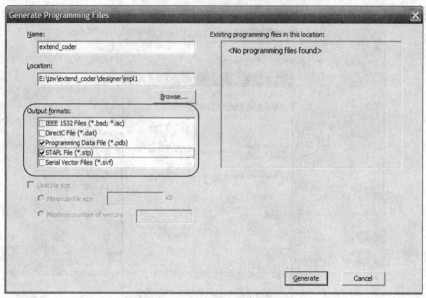

图 5-25　生成烧录文件输出格式选项

11) 布局布线后仿真

再一次点击 ModelSim 图标，结果如图 5-26 所示，注意与功能仿真、综合后仿真结果的区别，一是延迟增加，二是毛刺增加。

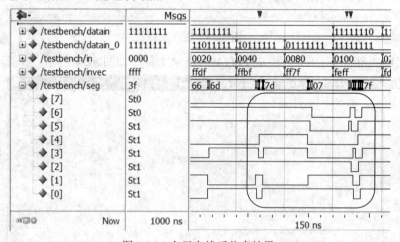

图 5-26　布局布线后仿真结果

12) 烧录

首先将 FlashPro4 烧录器连至相应电脑的 USB 接口，另一端连至 FPGA 电路板的烧录接口，然后点击 "FlashPro" 图标，出现如图 5-27 所示界面。

点击 "RUN" 按钮，即可完成将上述设计烧录至 FPGA 的过程，如图 5-28 所示。

13) 实测

将布局布线中 FPGA 的引脚分配情况记录在表 5-1 中，对 FPGA 板进行实验测试，具体步骤请参考前面的实验，在此不再赘述。观察输入与输出的对应关系，并将实验结果填入表 5-2 中。

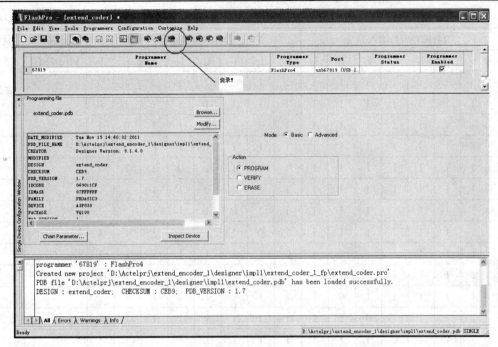

图 5-27　点击"FlashPro"后的界面

图 5-28　烧录成功

表 5-1　编码器扩展实验引脚分配表

端口名称	74 芯片引脚	功能说明	FPGA引脚	端口名称	74 芯片引脚	功能说明	FPGA引脚
DataIn[0]	74HC148_1_10	I_0		DataIn_0[5]	74HC148_0_2	I_5	
DataIn[1]	74HC148_1_11	I_1		DataIn_0[6]	74HC148_0_3	I_6	
DataIn[2]	74HC148_1_12	I_2		DataIn_0[7]	74HC148_0_4	I_7	
DataIn[3]	74HC148_1_13	I_3		EI	74HC148_1_5	EI	
DataIn[4]	74HC148_0_1	I_4		Seg[0]	74HC4511_13	a	
DataIn[5]	74HC148_1_2	I_5		Seg[1]	74HC4511_12	b	
DataIn[6]	74HC148_1_3	I_6		Seg[2]	74HC4511_11	c	
DataIn[7]	74HC148_1_4	I_7		Seg[3]	74HC4511_10	d	
DataIn_0[0]	74HC148_0_10	I_0		Seg[4]	74HC4511_9	e	
DataIn_0[1]	74HC148_0_11	I_1		Seg[5]	74HC4511_15	f	
DataIn_0[2]	74HC148_0_12	I_2		Seg[6]	74HC4511_14	g	
DataIn_0[3]	74HC148_0_13	I_3		Seg[7]	/	dp	
DataIn_0[4]	74HC148_0_1	I_4					

表 5-2　编码器扩展实验结果记录表

74HC148(1)输入								74HC148(0)输入								74HC4511	显示字形
I_7	I_6	I_5	I_4	I_3	I_2	I_1	I_0	I_7	I_6	I_5	I_4	I_3	I_2	I_1	I_0	abcdefg	
1	1	1	1	1	1	1	1	1	1	1	1	1	1	1	1		
1	1	1	1	1	1	1	1	1	1	1	1	1	1	1	0		
1	1	1	1	1	1	1	1	1	1	1	1	1	1	0	1		
1	1	1	1	1	1	1	1	1	1	1	1	1	0	1	1		
1	1	1	1	1	1	1	1	1	1	1	1	0	1	1	1		
1	1	1	1	1	1	1	1	1	1	1	0	1	1	1	1		
1	1	1	1	1	1	1	1	1	1	0	1	1	1	1	1		
1	1	1	1	1	1	1	1	1	0	1	1	1	1	1	1		
1	1	1	1	1	1	1	1	0	1	1	1	1	1	1	1		
1	1	1	1	1	1	1	0	1	1	1	1	1	1	1	1		
1	1	1	1	1	1	0	1	1	1	1	1	1	1	1	1		
1	1	1	1	1	0	1	1	1	1	1	1	1	1	1	1		
1	1	1	1	0	1	1	1	1	1	1	1	1	1	1	1		
1	1	1	0	1	1	1	1	1	1	1	1	1	1	1	1		
1	1	0	1	1	1	1	1	1	1	1	1	1	1	1	1		
1	0	1	1	1	1	1	1	1	1	1	1	1	1	1	1		
0	1	1	1	1	1	1	1	1	1	1	1	1	1	1	1		

2. 译码器扩展实验

设计要求：设计一个电路，通过改变输入，令显示数码管的 4 个数位轮流显示数字。

本实验需要一个 3-8 译码器 74HC138、一个数码显示译码器 74HC4511、一个共阴极八段显示数码管 LN3461Ax。将译码器 74HC138 的输入显示在数码管 LN3461Ax 上，并利用译码器 74HC138 的输出控制数码显示译码器 74HC4511 的工作($\overline{LT}$、$\overline{BI}$ 或 LE 中任一个)。

在 SmartDesign 中导入已经设计好的 74HC138、74HC4511 文件，完成全部连线后如图 5-29 所示，功能仿真结果如图 5-30 所示，综合结果如图 5-31 所示。详细的实验过程在此不再赘述，请读者参照前面的实验步骤自行设计，并将 FPGA 的引脚分配情况记录在表 5-3 中，将实验结果记录在表 5-4 中。

测试平台代码如下：

```
`timescale 1ns/10ps
module testbench;
    reg [2:0]  in;
    reg   E3,E2N,E1N;
    wire [7:0] seg;
    integer I;
    initial
```

```
        begin
            in=0;
            for (I=0;I<8;I=I+1)
                #20    in =I;
        end
    initial
        begin
            {E3,E2N,E1N}=000;
            #10    {E3,E2N,E1N}=100;
        end
        extend_decoder    tb( .A( in[0] ), .B( in[1] ), .C( in[2] ), .Seg( seg ),
                            .E3( E3 ), .E2N( E2N ), .E1N( E1N ) );
    endmodule
```

功能仿真结果如图 5-30 所示。

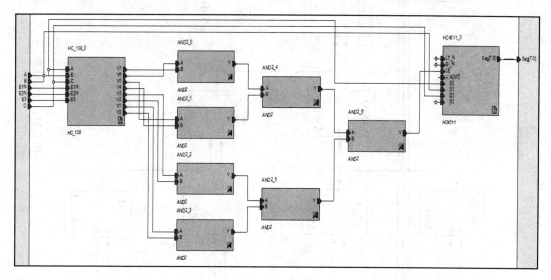

图 5-29　译码器扩展实验连线图

图 5-30　功能仿真结果

综合结果如图 5-31 所示。

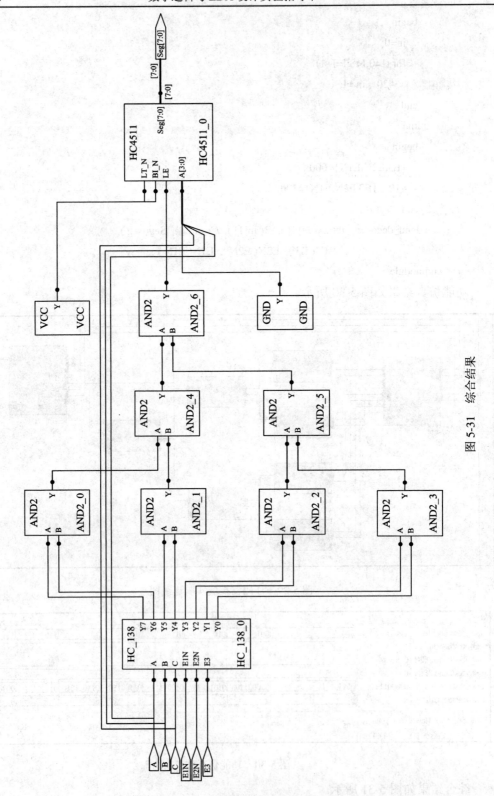

图 5-31　综合结果

表 5-3　译码器扩展实验引脚分配表

端口名称	74 芯片引脚	功能说明	FPGA 引脚	端口名称	74 芯片引脚	功能说明	FPGA 引脚
A	74HC138_1	A_0		Seg[1]	74HC4511_12	b	
B	74HC138_2	A_1		Seg[2]	74HC4511_11	c	
C	74HC138_3	A_2		Seg[3]	74HC4511_10	d	
E1N	74HC138_4	$\overline{E_1}$		Seg[4]	74HC4511_9	e	
E2N	74HC138_5	$\overline{E_0}$		Seg[5]	74HC4511_15	f	
E3	74HC138_6	E_3		Seg[6]	74HC4511_14	g	
Seg[0]	74HC4511_13	a		Seg[7]	/	h	

表 5-4　译码器扩展实验结果记录表

74HC138 输入						74HC138 输出								74HC4511 输入输出		
$\overline{E_1}$	$\overline{E_2}$	E_3	A_2	A_1	A_0	$\overline{Y_0}$	$\overline{Y_1}$	$\overline{Y_2}$	$\overline{Y_3}$	$\overline{Y_4}$	$\overline{Y_5}$	$\overline{Y_6}$	$\overline{Y_7}$	LE	a b c d e f g	字形
1	X	X	X	X	X											
X	1	X	X	X	X											
X	X	0	X	X	X											
0	0	1	0	0	0											
0	0	1	0	0	1											
0	0	1	0	1	0											
0	0	1	0	1	1											
0	0	1	1	0	0											
0	0	1	1	0	1											
0	0	1	1	1	0											
0	0	1	1	1	1											

3. 有符号比较器的设计

设计要求：设计一个电路，比较两个 8 位有符号数的大小，判定是否满足大于等于的关系。

实现方法：直接利用 LiberoIDE 工具提供的比较器 IP 核，实现一个有符号比较器。此比较器 IP 核需要用户输入的数据为补码，在本实验中先把对 8 位二进制补码转换电路做成一个实例文件，再引入到本设计中。这里同样是利用 SmartDesign 来进行设计。特别地，如果比较器模块是用户自行编程实现的，就要注意区分有符号数比较与无符号数比较。

8 位二进制补码生成电路的模块代码如下，保存文件名为 "com_2c.v"。

```
// com_2c.v
module Com_2C(DataA,DataOut);
    input [7:0] DataA;
    output [7:0] DataOut;
    reg[7:0] DataOut;
```

```
reg[7:0] DA;
always @(DataA)
  begin
    DA=8'b10000000;
    if(DataA[7])
      begin
        DataOut= -DataA+DA;   //"-"操作对包括符号位在内的所有位取反再加"1"
      end
    else
        DataOut=DataA;
  end
endmodule
```

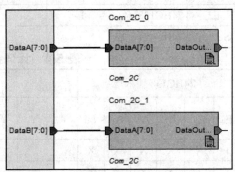

图 5-32　创建 com_2c 实例并连线

新建工程"sign_cmp.prj",将 8 位二进制补码转换模块文件"com_2c.v"引入,添加两次该模块到 Canvas 中,并将输入端连接至顶层,将 com_2c_1 的输入端改名为 DataB[7:0],如图 5-32 所示。

在 Catalog 窗口中,展开"Basic Blocks",将"Comparator"拖曳至 Canvas 中,如图 5-33 所示。在弹出的对话框中设置相应参数,如图 5-34 所示。设置好后,点击"Generate…"按钮,在"Genarate Core"对话框中,指定好新建核的名称,如图 5-35 所示。创建好后,参照图 5-36 所示,完成其余连线。

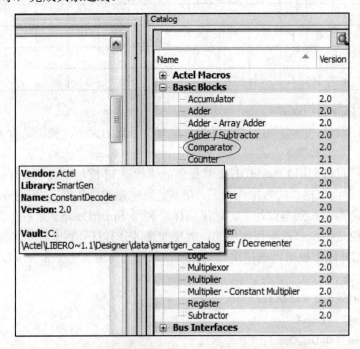

图 5-33　找到比较器 IP 核

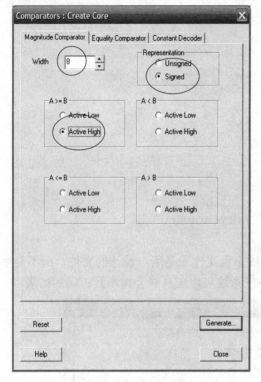

图 5-34　创建比较器核

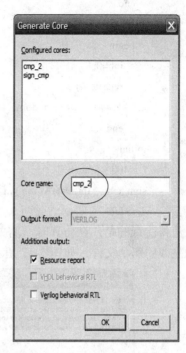

图 5-35　指定核名称

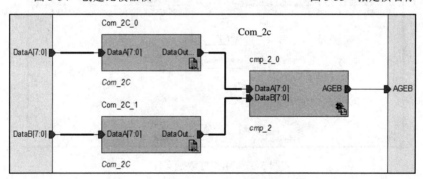

图 5-36　完成全部连线

生成设计代码，并添加测试平台模块文件，代码如下。

```verilog
// testbench.v
'timescale 1ns/10ps
module testbench;
    reg [7:0]   ina,inb;
    wire    AGEB;
    initial
      begin
        ina=0;
        repeat(20)
```

```
        #20    ina =$random;
    end
  initial
    begin
      inb=0;
      repeat(10)
      #40    inb =$random;
    end
  initial
    #400    $finish;
  sign_cmp    tb(.DataA( ina ) ,.DataB( inb ),.AGEB( AGEB ) );
  endmodule
```

值得注意的是，在仿真时，需关联的测试平台文件应是用户设计的文件，而不是系统自动生成的那个文件，如图 5-37 所示。如不注意这点，仿真时会得不到正确的结果。

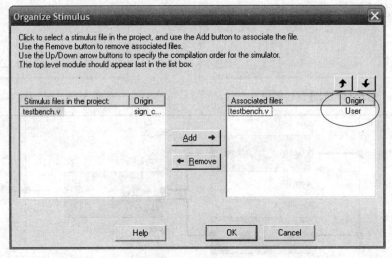

图 5-37　组织好激励文件

功能仿真的部分截图如图 5-38 所示。在本实验中需要注意的是，输入需比较的两数时，输入的是原码，所以经过了补码转换电路，再交给有符号比较器进行比较。如下图 5-38 中 200ns 时，输入分别是 11111001 和 10001100，即 -121 和 -12，所以得到 AGEB 的结果为 0，即小于。如果在输入时已经是补码，就不需要再经过补码转换电路了。

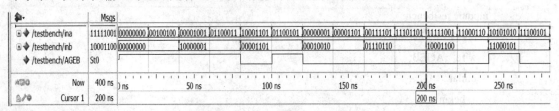

图 5-38　功能仿真部分截图

综合结果如图 5-39 所示。

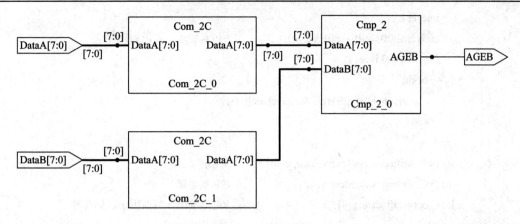

图 5-39 综合结果

完成布局布线及程序烧录至 FPGA 核心板的步骤，验证并记录实验结果，记录到表 5-5 中。

表 5-5 有符号比较器实验结果记录表

输 入		输 出
DataA[7:0]	DataB[7:0]	AGEB
0 0 0 0 0 0 0 0	0 0 0 0 0 0 0 0	
0 0 0 0 1 0 0 1	1 0 0 0 0 0 0 1	
1 1 1 1 1 0 0 1	1 0 0 0 1 1 0 0	

4. 有符号数的加法器设计

设计一个有符号 4 位二进制数加法器。

下边列举出实现有符号数加法器的主要步骤。

(1) 先创建一个加法模块，代码如下：

```
module Add_prop_gen(sum,c_out,a,b,c_in,shiftedcarry);

    output[3:0] sum;

    output[4:0] shiftedcarry;

    output c_out;

    input [3:0] a,b;

    input   c_in;

    reg [3:0] carrychain;

    wire [3:0] g=a&b;                        //产生进位，连续赋值，按位与

    wire [3:0] p=a^b;                        //产生进位，连续赋值，按位异或

    always @(a or b or c_in or p or g)       //事件列表，若不全会综合出锁存器

      begin:carry_generation                 //习惯用法：块名，若不加综合会出错
```

```
        integer i;
        carrychain[0]=g[0]+(p[0]&c_in);          //仿真要求，溢出处理要求
        for(i=1;i<=3;i=i+1)
          begin
            carrychain[i]=g[i]|(p[i]&carrychain[i-1]);
          end
      end
  wire [4:0] shiftedcarry={carrychain, c_in};    //连接赋值
  wire [3:0] sum=p^shiftedcarry;                  //求和运算
  wire c_out=shiftedcarry[4];                     //进位输出，习惯用法：位选择
endmodule
```

(2) 利用 SmartDesign 来进行设计，创建相应的实例并连线，如图 5-40 所示。

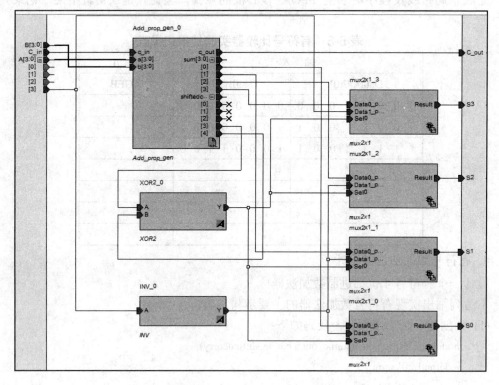

图 5-40　SmartDesign 连线图

(3) 测试平台代码如下：

```
`timescale 1ns/10ps
module adder4_testbench;
  reg [3:0]  ina,inb;
  reg   cin;
  wire   s3,s2,s1,s0;
  wire   cout;
```

```
initial
    begin
     ina=0;
        repeat(20)
            #20   ina =$random;
    end
initial
    begin
     inb=0;
     repeat(10)
        #40   inb =$random;
    end
initial
    begin
     cin=0;
     #200   cin =1;
    end
modified_adder   odified_adder_0( .A(ina),   .B(inb),   .C_in(cin),   .S3(s3),
                                .S2(s2),   .S1(s1),   .S0(s0),   .C_out(cout) );

    endmodule
```

(4) 功能仿真波形如图 5-41 所示。

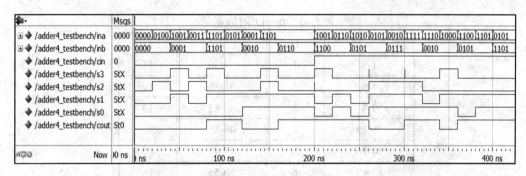

图 5-41　功能仿真波形图

(5) 综合结果如图 5-42 所示。

5. 二—十进制码转换电路设计

设计一个能实现 8 位二进制码转换为 12 位 8421BCD 码的电路。

1) 转换方法

首先，了解二进制与 BCD 码的位数对应关系，例如一个 8 位二进制码，可以表示的最大十进制数为 255，转换成 BCD 码为 0010_0101_0101，共需 12 位，其中每 4 位组成一个 BCD 单元，有三个 BCD 单元，分别表示百位(hundreds)、十位(tens)和个位(units)。n 位二进制码转换成 D 位 BCD 码的 n—D 对应关系见表 5-6。

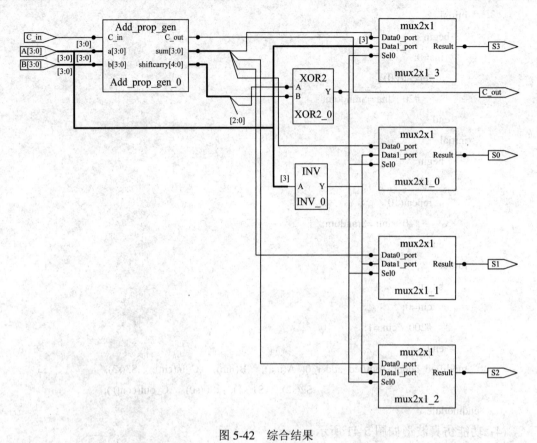

图 5-42　综合结果

表 5-6　n—D 对应关系

n	D	n	D
1-3	1	34-36	11
4-6	2	37-39	12
7-9	3	40-43	13
10-13	4	44-46	14
14-16	5	47-49	15
17-19	6	50-53	16
20-23	7	54-56	17
24-26	8	57-59	18
27-29	9	60-63	19
30-33	10	64-66	20

　　以 8 位二进制转换为 12 位 BCD 码为例，转换步骤是：将待转换的二进制码从最高位开始左移 BCD 的寄存器(从高位到低位排列)，每移一次，检查每一位 BCD 码是否大于 4，是则加上 3，否则不变。左移 8 次后，即完成了转换。需要注意的是第八次移位后不需要检查是否大于 4。

注意：需要检查每一个 BCD 码是否大于 4 的原因，是因为如果大于 4(比如 5、6)，下一步左移就要溢出了，所以加 3，等于左移后的加 6，起到十进制调节的作用。表 5-7 给出了一个二进制码 11101011 转换成 8421BCD 码的时序。

表 5-7　二进制码转换成 BCD 码的时序

时钟脉冲	移位结果(移位方向←)			输入的二进制码
	BCD 码高位	BCD 码次高位	BCD 码最低位	
	0000	0000	0000	11101011
1	0000	0000	0001	1101011
2	0000	0000	0011	101011
3	0000	0000	0111	01011
修正			+0011	
	0000	0000	1010	01011
4	0000	0001	0100	1011
5	0000	0010	1001	011
修正			+0011	
	0000	0010	1100	011
6	0000	0101	1000	11
修正		+0011	+0011	
	0000	1000	1011	11
7	0001	0001	0111	1
修正			+0011	
	0001	0001	1010	1
8	0010	0011	0101	
结果(十进制)	2	3	5	

2) 设计模块代码

设计模块代码如下：

```
module BIN_to_BCD(Data,Units,Tens,Hundreds);
input[7:0] Data;        //二进制输入数据
output[3:0] Units;
output[3:0] Tens;
output[3:0] Hundreds;
reg[3:0]  units_r,tens_r,hundreds_r;      //BCD 数据输出寄存器
reg[7:0] dat_r;
reg[11:0] temp;        //中间寄存器
integer i;
assign Units = units_r;
```

```
assign Tens =    tens_r;
assign Hundreds = hundreds_r;
always @(Data)
    begin
        dat_r = Data;
        temp = 0;
        for(i = 0;i < 7;i = i + 1)      //循环 7 次，注意不是 8 次，因为第 8 次不需要修正
            begin
                temp = {temp[10:0],dat_r[7]};    //左移一位
                if(temp[3:0] > 4'd4)     //大于 4，加 3
                    temp[3:0] = temp[3:0]+4'd3;
                if(temp[7:4] > 4'd4)     //大于 4，加 3
                    temp[7:4] = temp[7:4]+4'd3;
                if(temp[11:8] > 4'd4)     //大于 4，加 3
                    temp[11:8] = temp[11:8]+4'd3;
                dat_r=dat_r<<1;      //最高变为原来 dat_r 的第 6 位
                {hundreds_r,tens_r,units_r}={temp[10:0],Data[0]};     //第 8 次不用修正
            end
    end
endmodule
```

3) 测试平台代码

测试平台代码如下：

```
`timescale 1ns/1ns
module testbench_bin_bcd;
    reg[7:0] data;
    wire[3:0]units,tens,hundreds;
    parameter DELY=20;
    BIN_to_BCD    tb( .Data( data ), .Units( units ), .Tens( tens ), .Hundreds( hundreds ) );
    initial
        begin
        data=8'h00;
        #50 data=8'h37;
        #50 data=8'hfe;
        #50 data=8'h78;
        #(DELY*20)     $finish;
        end
endmodule
```

4) 功能仿真

功能仿真结果如图 5-43 所示。

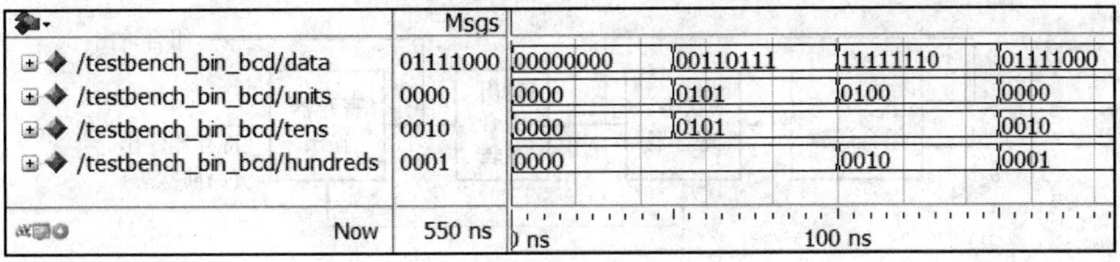

	Msgs				
⊞◆ /testbench_bin_bcd/data	01111000	00000000	00110111	11111110	01111000
⊞◆ /testbench_bin_bcd/units	0000	0000	0101	0100	0000
⊞◆ /testbench_bin_bcd/tens	0010	0000	0101		0010
⊞◆ /testbench_bin_bcd/hundreds	0001	0000		0010	0001
▲▽⊙　　　　　　Now	550 ns	0 ns		100 ns	

图 5-43　功能仿真波形图

5) 综合

综合结果如图 5-44 所示。

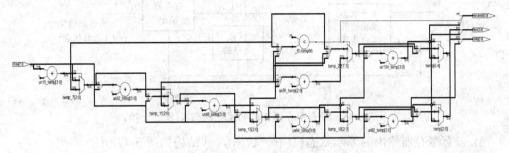

图 5-44　综合结果

5.2　基于 VerilogHDL 的时序逻辑综合实验

5.2.1　实验目的

(1) 深入了解基于 EDA 工具的复杂时序逻辑电路的设计。

(2) 理解并熟练利用 EDA 工具中的图形化设计界面进行综合设计。

(3) 熟练掌握芯片烧录的流程及步骤。

(4) 熟练掌握基于 FPGA 的测试实验方法。

5.2.2　实验环境及仪器

(1) Libero IDE 仿真软件。

(2) DIGILOGIC-2011 数字逻辑及系统实验箱。

(3) Actel Proasic3 A3P030 FPGA 核心板及 Flash Pro4 烧录器。

5.2.3　实验内容

1. 与寄存器结合的有限状态机

根据实际应用,将寄存器逻辑(利用时钟信号同步进行赋值)与 Mealy(米勒)或 Moore(摩尔)状态机组合起来,可以得出以下四种解决方案。

(1) 带有寄存器输出的摩尔状态机(当前状态),其结构如图 5-45 所示。

(2) 带有寄存器输出的米勒状态机(当前状态),其结构如图 5-46 所示。

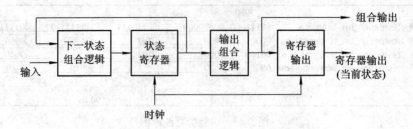

图 5-45　带有寄存器输出的摩尔状态机(延迟一拍)

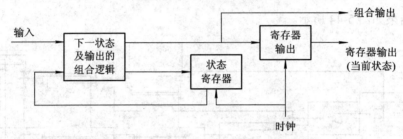

图 5-46　带有寄存器输出的米勒状态机(延迟一拍)

(3) 带有寄存器输出的摩尔状态机(下一状态)，其结构如图 5-47 所示。

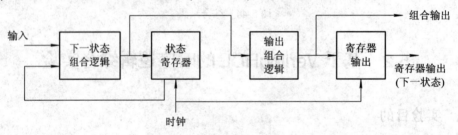

图 5-47　带有寄存器输出的摩尔状态机(下一状态)

(4) 带有寄存器输出的米勒状态机(下一状态)，其结构如图 5-48 所示。

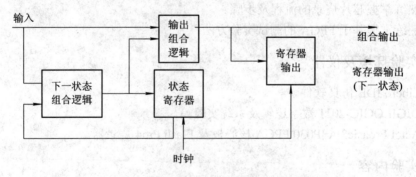

图 5-48　带有寄存器输出的米勒状态机(下一状态)

其中(1)、(2)方案中寄存器输出比组合逻辑的输出延迟一个时钟周期，即寄存器输出对应于状态机的当前状态；如果设计要求寄存器输出与状态同时生成，则可以按照(3)、(4)方案的结构进行设计。

设计要求：针对教材 6.1.3 的例子，分别添加简单的代码，实现上述四种状态机。

在 SmartDesign 中的连线图如图 5-49 所示。

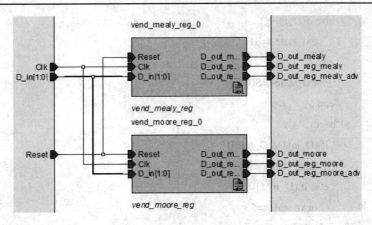

图 5-49　连线图

实例 vend_mealy_reg 的代码如下：

```verilog
module vend_mealy_reg(Reset,Clk,D_in,D_out_mealy,D_out_reg_mealy,
                      D_out_reg_mealy_adv);
    input Clk,Reset;
    input [1:0] D_in;
    output D_out_mealy;
    output D_out_reg_mealy,D_out_reg_mealy_adv;
    reg [3:0] current_state, next_state;
    reg D_out_reg_mealy,D_out_reg_mealy_adv;
    reg D_out_mealy;
    parameter S0=4'b0001, S1=4'b0010, S2=4'b0100, S3=4'b1000;
    always @(posedge Clk or posedge Reset)
        begin
            if (Reset)
                current_state<=S0;
            else
                current_state<=next_state;
    end

    always @(current_state or D_in)
        begin
            case(current_state)
                S0:begin
                    if (D_in[1]&D_in[0])
                        next_state<=S3;
                    else if (D_in[1])
                        next_state<=S2;
```

```
            else if(D_in[0])
               next_state<=S1;
            else
               next_state<=S0;
            end
        S1:begin
            if (D_in[1]&D_in[0])
               next_state<=S0;
            else if (D_in[1])
               next_state<=S3;
            else if(D_in[0])
               next_state<=S2;
            else
               next_state<=S1;
            end
        S2:begin
            if (D_in[1])
               next_state<=S0;
            else if(D_in[0])
               next_state<=S3;
            else
               next_state<=S2;
            end
        S3:begin
            if (D_in[0]|D_in[1])
               next_state<=S0;
            else
               next_state<=S3;
            end
        default:next_state<=S0;
      endcase
   end
always @(current_state or D_in)       //不带寄存器的 Mealy 输出(组合电路)
   D_out_mealy=(((current_state==S2)&&(D_in[1]==1)||((current_state==S3)&&
            (D_in[0]|D_in[1])==1)||((current_state==S1)&&(D_in[0]&D_in[1])==1)));

always @(posedge Clk or posedge Reset)      //带寄存器的 Mealy 输出(滞后一拍)
   begin
      if (Reset)
```

```
                    D_out_reg_mealy=0;
                else
                    D_out_reg_mealy=(((current_state==S2)&&(D_in[1]==1)||((current_state==S3)&&
                            (D_in[0]|D_in[1])==1)||((current_state==S1)&&(D_in[0]&D_in[1])==1)));
            end


    always @(posedge Clk or posedge Reset)        //带寄存器的 Mealy 输出(不滞后)
        begin
            if (Reset)
                D_out_reg_mealy_adv=0;
            else
                D_out_reg_mealy_adv=(((next_state==S2)&&(D_in[1]==1)||((next_state==S3)&&
                        (D_in[0]|D_in[1])==1)||((next_state==S1)&&(D_in[0]&D_in[1])==1)));
        end
    endmodule
```

实例 vend_moore_reg 的代码如下：

```
    module vend_moore_reg(Reset,Clk,D_in,D_out_moore,D_out_reg_moore,
                        D_out_reg_moore_adv);
        input Clk,Reset;
        input [1:0] D_in;
        output D_out_moore;
        output D_out_reg_moore,D_out_reg_moore_adv;
        reg D_out_moore;
        reg D_out_reg_moore,D_out_reg_moore_adv;
        reg [4:0] current_state, next_state;
        parameter S0=5'b00001, S1=5'b00010, S2=5'b00100, S3=5'b01000,S4=5'b10000;
        always @(posedge Clk or posedge Reset)
        begin
            if (Reset)
                current_state<=S0;
            else
                current_state<=next_state;
        end


    always @(current_state or D_in)
        begin
            case(current_state)
                S0:begin
                        if (D_in[1]&D_in[0])
```

```
                    next_state<=S3;
                else if (D_in[1])
                    next_state<=S2;
                else if(D_in[0])
                    next_state<=S1;
                else
                    next_state<=S0;
            end
        S1:begin
            if (D_in[1]&D_in[0])
                next_state<=S4;
            else if (D_in[1])
                next_state<=S3;
            else if(D_in[0])
                next_state<=S2;
            else
                next_state<=S1;
            end
        S2:begin
            if (D_in[1])
                next_state<=S4;
            else if(D_in[0])
                next_state<=S3;
            else
                next_state<=S2;
            end
        S3:begin
            if (D_in[0]|D_in[1])
                next_state<=S4;
            else
                next_state<=S3;
            end
        S4:begin
                next_state<=S0;
            end
        default:next_state<=S0;
    endcase
end
```

```verilog
    always @(current_state )              //不带寄存器的 Moore 输出(组合电路)
        D_out_moore=(current_state==S4);


    always @(posedge Clk or posedge Reset)     //带寄存器的 Moore 输出(滞后一拍)
        begin
            if (Reset)
                D_out_reg_moore=0;
            else
                D_out_reg_moore=(current_state==S4);
        end


    always @(posedge Clk or posedge Reset)     //带寄存器的 Moore 输出(不滞后)
        begin
            if (Reset)
                D_out_reg_moore_adv=0;
            else
                D_out_reg_moore_adv=(next_state==S4);
        end
    endmodule
```

测试平台代码如下：

```verilog
    `timescale 1ns/1ns
    module testbench_vend_reg;
        reg clk,reset;
        reg [1:0] d_in;
        wire d_out_mealy,d_out_moore;
        wire d_out_reg_mealy,d_out_reg_mealy_adv;
        wire d_out_reg_moore,d_out_reg_moore_adv;
        parameter DELY=32;


        vend_reg tb(.Clk(clk),.Reset(reset),.D_in(d_in),
                    .D_out_mealy(d_out_mealy),.D_out_moore(d_out_moore),
                    .D_out_reg_mealy(d_out_reg_mealy),
                    .D_out_reg_mealy_adv(d_out_reg_mealy_adv),
                    .D_out_reg_moore(d_out_reg_moore),
                    .D_out_reg_moore_adv(d_out_reg_moore_adv));


        always #(DELY/2) clk = ~clk;
        initial
            begin
```

```
            clk=0;
            reset=0;
            #5   reset=1;
            #20  reset=0;
        end
    initial
    begin
        d_in=0;
        #25   d_in=2'b01;
        #25   d_in=2'b00;
        #25   d_in=2'b11;
        #25   d_in=2'b00;
        #25   d_in=2'b00;
        #25   d_in=2'b00;
        #25   d_in=2'b10;
        #25   d_in=2'b00;
        #25   d_in=2'b00;
        #25   d_in=2'b00;
        #25   d_in=2'b00;
        #25   d_in=2'b00;
        #25   d_in=2'b10;
        #25   d_in=2'b00;
        #25   d_in=2'b00;
        #25   d_in=2'b00;
        #25   d_in=2'b00;
        #25   d_in=2'b01;
        #25   d_in=2'b00;
        #25   d_in=2'b00;
        #25   d_in=2'b01;
        #25   d_in=2'b00;
        #25   d_in=2'b10;
    end
    initial
    #600   $finish;
  endmodule
```

功能仿真结果如图 5-50 所示。

综合后仿真结果如图 5-51 所示。

布局布线后仿真结果如图 5-52 所示。

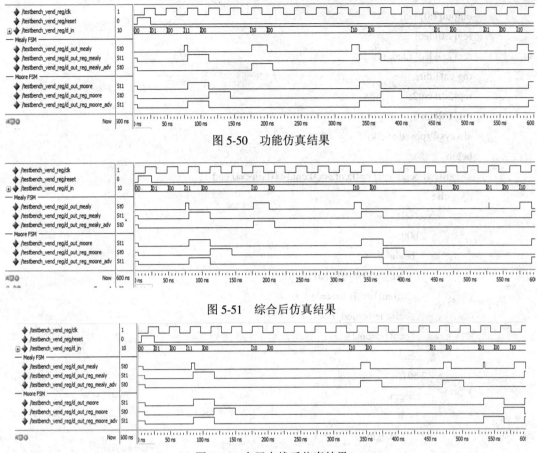

图 5-50 功能仿真结果

图 5-51 综合后仿真结果

图 5-52 布局布线后仿真结果

三次的仿真结果稍有不同，请读者认真分析其中的原因。

2. 跑马灯设计

1) 设计要求

共 8 个 LED 灯连成一排，用以下 3 种模式来显示，模式选择使用两个按键进行控制。

模式 1：先点亮奇数灯，即 1、3、5、7 灯亮，然后偶数灯，即 2、4、6、8 灯亮，依次循环，灯亮的时间按时钟信号的二分频设计。

模式 2：按照 1、2、3、4、5、6、7、8 的顺序依次点亮所有灯；然后再按 1、2、3、4、5、6、7、8 的顺序依次熄灭所有灯，间隔时间按时钟信号的八分频设计。

模式 3：按照 1/8、2/7、3/6、4/5 的顺序依次点亮所有灯，每次同时点亮两个灯；然后再按 1/8、2/7、3/6、4/5 的顺序熄灭相应灯，每次同时熄灭两个灯，灯亮的时间按时钟信号的四分频设计。

2) 参考代码

实现上述功能的参考代码如下：

```
module paomadeng(rst,clk,sel,led);
    input rst,clk;
    input[1:0] sel;
```

```verilog
output[7:0] led;
reg[7:0] led;
reg[7:0] led_r,led_r1;
reg cnt1,dir;
reg[2:0] cnt2;
reg[1:0] cnt3;
always@(posedge clk)
begin
    if(rst) begin cnt1<=0;cnt2<=0;cnt3<=0;dir<=0;end
    else
        case(sel)
          2'b00:
            begin
                led_r=8'b01010101;
                if(cnt1==0) led<=led_r;
                else led<=led_r<<1;
                cnt1<=cnt1+1;
            end
          2'b01:
            begin
                if(!dir)
                  begin
                    if(cnt2==0) begin led_r=8'b00000001;led<=led_r;end
                    else begin led<=(led<<1)+led_r;end
                    if(cnt2==7) begin dir<=~dir;end
                    cnt2<=cnt2+1;
                  end
                else
                  begin
                    if(cnt2==0) begin led_r=8'b11111110;led<=led_r;end
                    else begin led<=led<<1;end
                    if(cnt2==7) begin dir<=~dir;end
                    cnt2<=cnt2+1;
                  end
            end
          2'b11:
            begin
                if(!dir)
                  begin
                    if(cnt3==0) begin led_r=8'b00000001;led_r1=8'b10000000;end
```

```
                    else
                      begin
                          led_r=(led_r<<1)|led_r;
                          led_r1=(led_r1>>1)|led_r1;
                      end
                    led<=led_r|led_r1;
                    if(cnt3==3) begin dir<=~dir;end
                    cnt3<=cnt3+1;
                  end
                else
                  begin
                    if(cnt3==0) begin led_r=8'b11111110;led_r1=8'b01111111;end
                    else begin led_r=led_r<<1;led_r1=led_r1>>1;end
                    led<=led_r&led_r1;
                    if(cnt3==3) begin dir<=~dir;end
                    cnt3<=cnt3+1;
                  end
              end
            default:;
          endcase
      end
  endmodule
```

3) 程序说明

(1) case 语句用于选择三种模式。

(2) cnt1、cnt2、cnt3 分别为三种模式下的计数器，用于控制跑马灯的转换节奏。

(3) dir 用于方向控制，与 cnt1、cnt2、cnt3 的具体数值无关。

4) 综合结果

综合结果如图 5-53 所示。

5) 对应引脚

对应 FPGA 的引脚说明见表 5-8。

表 5-8　引脚对应表

信号	FPGA 引脚	信号	FPGA 引脚
clk	63	led[5]	98
led[0]	93	led[6]	99
led[1]	94	led[7]	100
led[2]	95	rst	75
led[3]	96	Sel[0]	76
led[4]	97	Sel[1]	77

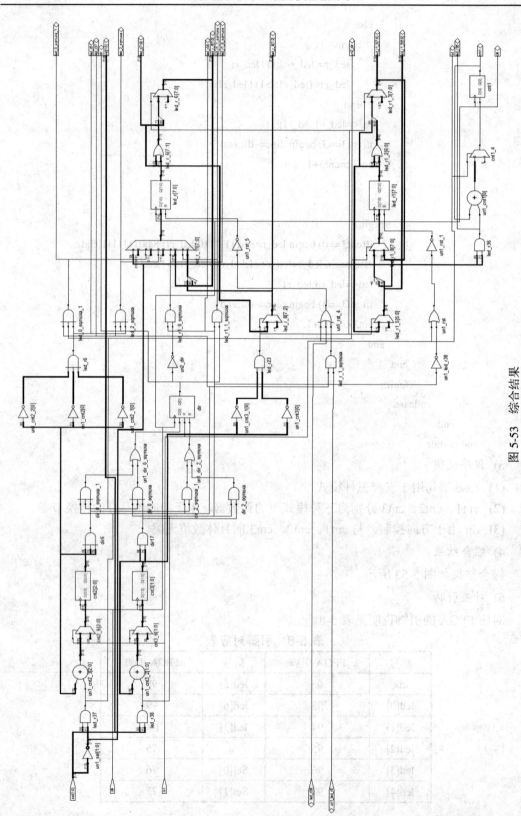

图 5-53　综合结果

6) 测试步骤

测试步骤如下：

(1) FPGA 的引脚 93、94、95、96、97、98、99、100，即核心板的 LD1~LD8 对应 LED1~LED8，注意将拨码开关 S1_1~S1_8 拨至"On"位置。

(2) 选择 1Hz 的时钟信号源，连接至引脚 63。

(3) 将引脚 75(即 reset 信号)连接至 J605，即利用脉冲信号接入。

(4) 将引脚 76、77 连接至 SI1、SI2。

按照表 5-9 所示的组合，拨动 SI1、SI2，观察 LED 的状态是否符合设计要求，改变时钟信号的频率重复上述步骤。

表 5-9　跑马灯实验记录表

rst	SI1	SI2	输出状态描述
1	X	X	
0	0	0	
0	0	1	
0	1	1	

注：X 为任意状态。

3. 四位数码管扫描显示电路的设计

1) 设计要求

共 4 个数码管，连成一排，要求可以显示其中任意一个数码管。具体要求如下：

(1) 依次选通 4 个数码管，并让每个数码管显示相应的值，其结果由相应输入决定。

(2) 要求能在实验箱上演示出数码管的动态显示过程。必须使得 4 个选通信号 DIG.1、DIG.2、DIG.3、DIG.4 轮流被单独选通，同时，在段信号输入口加上希望在对应数码管上显示的数据，这样随着选通信号的变化，才能实现扫面显示的目的(经验数据为扫描频率大于等于 50 Hz)。

2) 模块参考代码及测试平台代码

实现上述功能的模块参考代码如下：

```
module dymamic_led(Seg,Sl,Clk,Reset);
    output [7:0] Seg;           //定义数码管的输出引脚
    output [3:0] Sl;            //定义数码管选择输出引脚
    input Clk,Reset;
    reg[7:0] Seg_reg;
    reg[3:0] Sl_reg;
    reg[3:0] Disp_dat;
    reg[1:0] count;   //定义计数器寄存器，用于数码管选择
    wire    LT_N,BI_N,LE;
    assign   LT_N=1;
    assign   BI_N=1;
    assign   LE=0;
```

```verilog
always@(posedge Clk or posedge Reset)
    begin
        if(Reset)
            count=0;
        else
            count=count+1;
    end
always@(count[1:0])     //定义显示数据触发事件
    begin
        case(count[1:0])
            2'b00:Disp_dat=4'b1000;      //数码管个位显示固定数值8
            2'b01:Disp_dat=4'b0010;      //数码管十位显示固定数值2
            2'b10:Disp_dat=4'b0001;      //数码管百位显示固定数值1
            2'b11:Disp_dat=4'b0111;      //数码管千位显示固定数值7
        endcase
        case(count[1:0])
            2'b00: Sl_reg =4'b1110;      //选择数码管个位
            2'b01: Sl_reg =4'b1101;      //选择数码管十位
            2'b10: Sl_reg =4'b1011;      //选择数码管百位
            2'b11: Sl_reg =4'b0111;      //选择数码管千位
        endcase
    end
HC4511   HC4511_0 (.A(Disp_dat), .Seg(Seg), .LT_N(LT_N), .BI_N(BI_N), .LE(LE));
    //调用显示驱动模块 74HC4511
assign Sl=Sl_reg;

endmodule
```

测试平台代码如下：

```verilog
// testbench_scan.v
`timescale 1ns/1ns
module testbench_scanled;
reg clk,reset;
wire [7:0]seg;
wire [3:0]sl;
parameter DELY=20;
dymamic_led    tb(.Clk(clk),.Reset(reset),.Seg(seg),.Sl(sl) );
always #(DELY/2) clk = ~clk;
initial
    begin
        clk =0;reset=0;
```

```
#(DELY*2)   reset=1;
# DELY    reset=0;
#(DELY*200)  $finish;
    end
  endmodule
```

3) 功能仿真

功能仿真结果如图 5-54 所示。

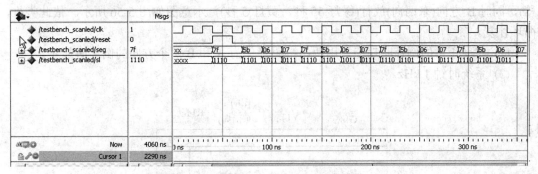

图 5-54　功能仿真结果

4) 综合

综合结果 RTL 视图如图 5-55 所示。

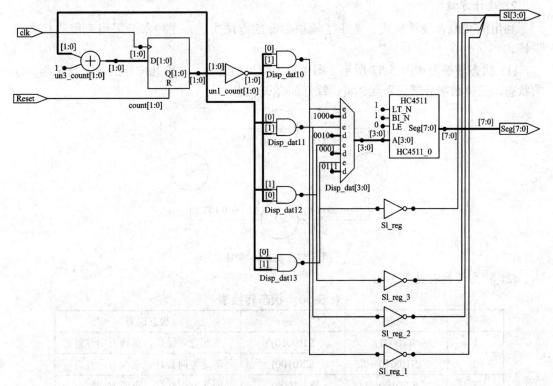

图 5-55　RTL 视图

具体测试过程不再赘述。

4. 交通灯控制器

1) 设计要求

实现一个常见的十字路口交通灯控制功能。一个十字路口的交通灯一般分为两个方向，每个方向具有红灯、黄灯和绿灯三种。实现一个常见的十字路口交通灯控制功能，具体要求如下：

(1) 十字路口包含 A、B 两个方向的车道。A 方向(南北向)放行一分钟(绿灯 55 秒，黄灯 5 秒)，同时 B 方向(东西向)禁行(红灯 60 秒)；然后 A 方向(南北向)禁行 1 分钟(红灯 60 秒)，同时 B 方向(东西向)放行(绿灯 55 秒，黄灯 5 秒)，示意图如图 5-56 所示。依此类推，循环往复。

(2) 实现正常的倒计时功能，用两组数码管作为 A 和 B 两个方向的倒计时显示。

(3) 系统时钟 1 kHz。

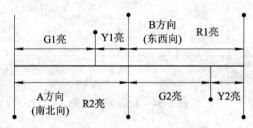

图 5-56　交通灯控制示意图

2) 设计方案

利用图文混合设计模式、基于子模块划分的方法实现，主控部分采用三段式状态机设计。

(1) 状态转换图如图 5-57 所示。图中输出结果的含义是：南北向灯的状态及东西向灯的状态，三位数字分别代表红、黄、绿灯的亮灭状态。

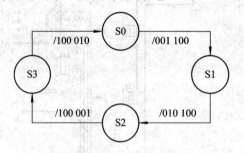

图 5-57　状态转换图

(2) 状态转换表见表 5-10。

表 5-10　状态转换表

序号	现态	次态	状态说明
1	S0(0001)	S1(0010)	南北方向绿灯，东西方向红灯
2	S1(0010)	S2(0100)	南北方向黄灯，东西方向红灯
3	S2(0100)	S3(1000)	南北方向红灯，东西方向绿灯
4	S3(1000)	S0(0001)	南北方向红灯，东西方向黄灯

(3) 子模块划分如下：

① 分频模块，如图 5-58 所示：

对应的 VerilogHDL 代码如下：

```verilog
module one_second_clk(Reset,Clk,Count,Cout);
input Reset,Clk;
output reg[9:0] Count;
output reg Cout;
always @(posedge Clk)
    if(Reset) begin Count=0;Cout=0;end
    else if(Count==999) begin Count=0;Cout=1;end
    else begin Count=Count+1;Cout=0;end
endmodule
```

② 定时器模块，如图 5-59 所示。

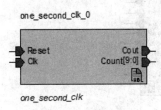

图 5-58　分频模块

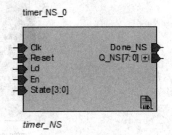

图 5-59　定时器模块

对应的 VerilogHDL 代码如下：

```verilog
module timer_NS(Clk,Reset,Ld,En,State,Q_NS,Done_NS);
input Clk,Reset,Ld,En;
input [3:0] State;
output [7:0] Q_NS;
output Done_NS;
reg [7:0] Q_NS;
parameter red_NS=8'h3b,green_NS=8'h36,yellow_NS=8'h04;
parameter St0=4'b0001,St1=4'b0010,St2=4'b0100,St3=4'b1000;
assign Done_NS=~(|Q_NS)&&En;
always @(posedge Clk)
    if(Reset) Q_NS<=green_NS;
    else if(Ld)
        case(State)
            St0:  Q_NS<=yellow_NS;
            St1:  Q_NS<=red_NS;
            St2:  Q_NS<=8'h00;
            St3:  Q_NS<=green_NS;
```

```
                default:   Q_NS<=8'h00;
            endcase
        else if(En)
          begin
            Q_NS<=Q_NS-1;
          end
    endmodule
```

③ 二-十进制转换模块：5.1 节相应实例中的 8 位二进制转换为十进制电路模块，具体设计请参考前述内容。

④ 动态显示模块：采用 5.2 节相应实例中的 4 位数码管动态扫描显示电路模块，其相应的 VerilogHDL 设计也完全相同，在此不再赘述。

⑤ 交通灯控制状态机 (traffic_FSM.v)：采用三段式状态机设计，如图 5-60 所示。

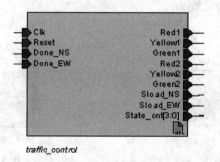

图 5-60　交通灯控制模块

对应的 VerilogHDL 代码如下：

```
module  traffic_control  (Clk,  Reset,Done_NS,Done_EW,Red1,  Yellow1,  Green1,  Red2,  Yellow2,
Green2,Sload_NS,Sload_EW,State_cnt);
    input Clk, Reset;
    input Done_NS,Done_EW;
    output   Red1, Yellow1, Green1, Red2, Yellow2, Green2;
    output   Sload_NS,Sload_EW;
    output [3:0] State_cnt;

// Define the states
    parameter    S0 =4'b0001, S1 = 4'b0010, S2 = 4'b0100, S3 = 4'b1000;
    reg [3:0] current_state, next_state;
    reg Red1, Yellow1, Green1, Red2, Yellow2, Green2;
    reg Sload_NS,Sload_EW;
    assign State_cnt=current_state;

// state update
```

```verilog
always @(posedge Clk or posedge Reset)
begin
    if (Reset)
        current_state <= S0;
    else
        current_state <= next_state;
end

// Calculate the next state and the outputs,
always @(current_state or Done_NS or Done_EW)
begin:fsmtr
    case (current_state)
        S0: begin
            if (Done_NS) next_state   <=S1;
            else next_state <= S0;
        end
        S1: begin
            if (Done_NS) next_state   <=S2;
            else next_state <= S1;
        end
        S2: begin
            if (Done_EW) next_state   <=S3;
            else next_state <= S2;
        end
        S3: begin
            if(Done_EW) next_state   <=S0;
            else next_state <= S3;
        end
        default:next_state <= S0;
    endcase
end
always @(*)
begin
    Sload_NS<=1'b0;
    Sload_EW<=1'b0;
    case (current_state)
        S0: begin
            Green1 <= 1'b1;Yellow1<= 1'b0;Red1 <= 1'b0;
            Green2 <= 1'b0;Yellow2<= 1'b0;Red2 <= 1'b1;
            if (Done_NS)
```

```
                begin
                    Sload_NS<=1'b1;
                end
        end
    S1: begin
        Green1 <= 1'b0;Yellow1<= 1'b1;Red1 <= 1'b0;
        Green2 <= 1'b0;Yellow2<= 1'b0;Red2 <= 1'b1;
        if (Done_NS)
          begin
            Sload_NS<=1'b1;
            Sload_EW<=1'b1;
          end
        end
    S2: begin
        Green1 <= 1'b0;Yellow1<= 1'b0;Red1 <= 1'b1;
        Green2 <= 1'b1;Yellow2<= 1'b0;Red2 <= 1'b0;
        if (Done_EW)
          begin
            Sload_EW<=1'b1;
          end
        end
    S3: begin
        Green1 <= 1'b0;Yellow1<= 1'b0;Red1 <= 1'b1;
        Green2 <= 1'b0;Yellow2<= 1'b1;Red2 <= 1'b0;
        if (Done_EW)
          begin
            Sload_NS<=1'b1;
            Sload_EW<=1'b1;
          end
        end
    default: begin
            Green1 <= 1'b1;Yellow1<= 1'b0;Red1 <= 1'b0;
            Green2 <= 1'b0;Yellow2<= 1'b0;Red2 <= 1'b1;
            Sload_NS<=1'b1;
            Sload_EW<=1'b1;
          end
    endcase
end
endmodule
```

在 SmartDesign 中创建以上实例，并连线，如图 5-61 所示。

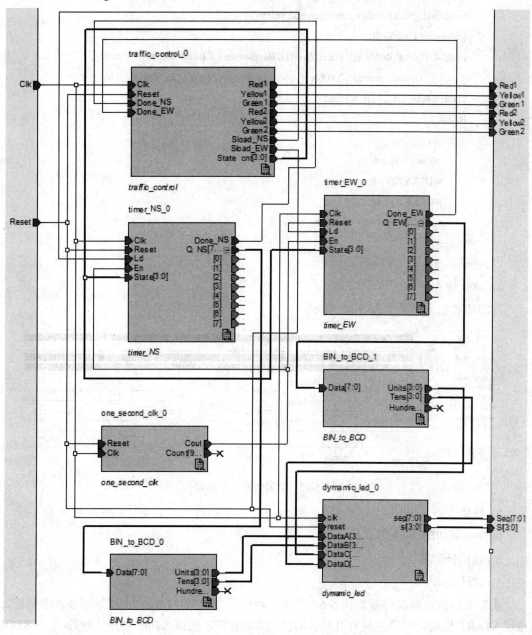

图 5-61　交通灯设计连线图

3) 测试平台代码

测试平台代码如下：

```
`timescale 1 ns/1ns
module tb_fsm_cnt;
reg clk,reset;
wire [7:0] seg;
```

```
wire [3:0] sl;
wire red1,green1,yellow1,red2,green2,yellow2;
parameter DELY=20;
core_traffic tb(.Red1(red1),.Red2(red2),.Reset(reset),.Clk(clk),.Green1(green1),
        .Green2(green2),.Yellow1(yellow1),.Yellow2(yellow2),.Seg(seg),.Sl(sl) );
always #(DELY/2) clk = ~clk;
initial
    begin
        clk =0; reset=0;
        #(DELY*2)   reset=1;
        # DELY    reset=0;
        #(DELY*500000)   $finish;
    end
endmodule
```

4) 功能仿真

功能仿真部分结果如图 5-62 所示。

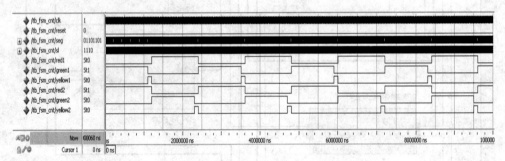

图 5-62　功能仿真部分结果

5) 综合

综合结果如图 5-63 所示。

5. 短跑计时器

1) 设计要求

实际的短跑计时器外观如图 5-64 所示，面板上有 4 数字(digit)LED 显示及四个按键，按键 START 启动计时器并从 0 开始计时(显示"0000")；按键 STOP 停止计时器(按下 STOP 按键后，显示最后的计时时间)；按键 CSS(Compare and Store Shortest)用于将当前计时值与存储的最小计时值进行比较，然后存储较小的计时值；按键 RESET 用于将存储的计时值设为 10011001.10011001，即最大值 99.99s。

计时范围 0~99.99 s，输出以 4 个 LED 数码管显示，分别标记为 B1、B0、B-1、B-2。

2) 总体设计

短跑计时器的外部控制输入信号、数据输出信号及寄存器设计如表 5-11 所示。

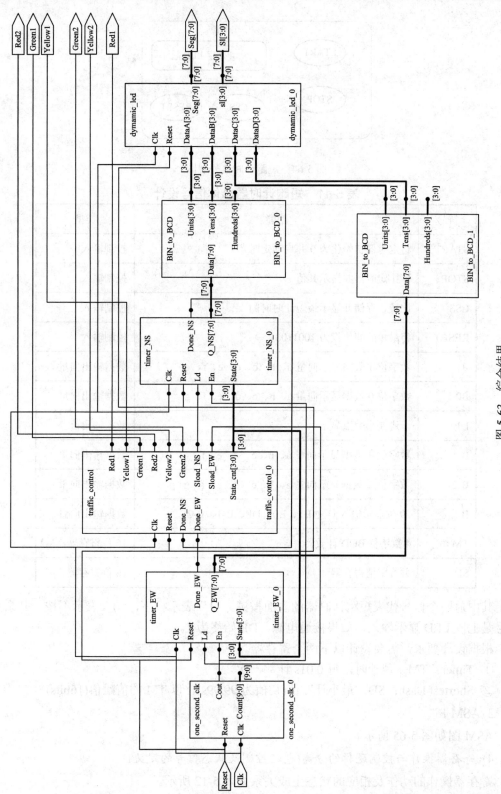

图 5-63 综合结果

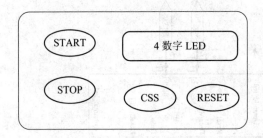

图 5-64　短跑计时器外观图

表 5-11　短跑计时器总体信号设计

符号	功能	类型
START	将定时器初始化为 0 并启动定时器	控制输入
STOP	停止定时器并显示其值	控制输入
CSS	比较、存储并显示最短计时时间	控制输入
RESET	将最短时间值设为 10011001	控制输入
B1	数字位 1 数据显示向量 a、b、c、d、e、f、g	数据输出向量
B0	数字位 0 数据显示向量 a、b、c、d、e、f、g	数据输出向量
DP	十进制小数点显示	数据输出
B-1	数字位-1 数据显示向量 a、b、c、d、e、f、g	数据输出向量
B-2	数字位-2 数据显示向量 a、b、c、d、e、f、g	数据输出向量
B	29 位显示输入向量(B1、B0、DP、B-1、B-2)	数据输出向量
TM	4 数字位 BCD 计数器	16 位寄存器
SD	并行赋值寄存器	16 位寄存器

其中前四个信号代表短跑计时器的表面按键,"1"表示按下,"0"表示不按。其余的信号是七段 LED 显示输入,如果接通电源,DP 始终为 1。

根据设计要求,需要设计以下两个寄存器。

① Timer:TM,现计时,每 0.01s 计数一次。

② Shortest Dash:SD,最小计时值(初值为 99.99s),以 TM 的值赋值(16bits)。

3) ASM 图

ASM 图如图 5-65 所示。

4) 寄存器操作与控制逻辑的分离(包括控制及状态信号的定义)

寄存器操作的动作及相应的状态生成关系如表 5-12 所示。

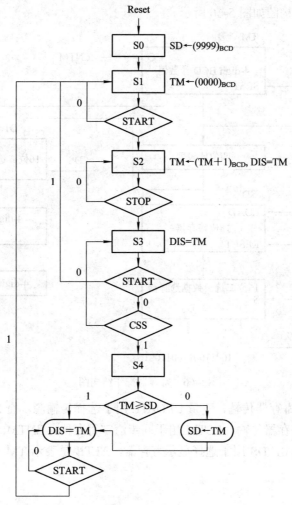

图 5-65　ASM 图

表 5-12　寄存器操作的动作及相应的状态生成关系

动作或状态	控制或状态信号	取值表示
$TM \leftarrow (0000)_{BCD}$	RSTM	1：同步将 TM 清零 0：TM 不复位
$TM \leftarrow (TM+1)_{BCD}$	ENTM	1：BCD 通过 TM 加 1 计数 0：保持 TM 值
$SD \leftarrow (9999)_{BCD}$	UPDATE LSR	0：选择 100110011001001 赋值 SD 1：使能 SD 赋值，0：禁止 SD 赋值
$SD \leftarrow TM$	UPDATE LSR	1：以 TM 赋值 SD 1：使能 SD 赋值，0：禁止 SD 赋值
DIS=TM DIS=SD	DS	0：显示 TM 1：显示 SD
TM<SD TM≥SD	ALTB	1：TM 小于 SD 0：TM 大于等于 SD

注：传输操作以 "←" 表示，连接操作以 "=" 表示。

寄存器操作的结构图如图 5-66 所示。

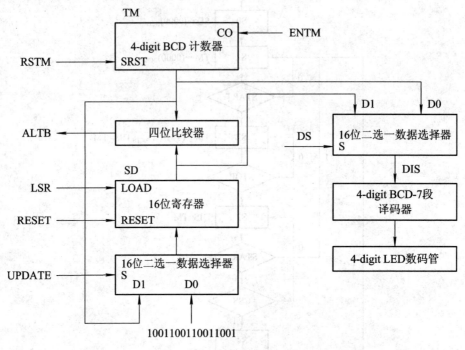

图 5-66　寄存器操作结构图

针对 SD 的两个寄存器传输，变量 UPDATE 用于选择传输源，而 LSR 用于控制 SD 的赋值。针对 TM 的寄存器传输，RSTM 用于同步清零寄存器，ENTM(计数器的 C0)用于控制计数器加 1 还是加 0，DS 用于选择显示寄存器，ALTB 是表示 TM 与 SD 比较结果的状态信号。

5) EDA 设计

前面定义的两个寄存器及相应的控制端子和控制信号出现在方框图中，RSTM 作为 TM 清零的同步输入，ENTM 与进位输入 C0 相连，A<B 比较器用于提供状态信号 ALTB，A 为 TM 的输出值，B 为 SD 的输出值。

16 位二选一数据选择器用于选择 SD 的值是 TM 还是 99.99，由 UPDATE 驱动(标记为 S)。

另一个 16 位二选一数据选择器用于在 TM 和 SD 之间选择以进行相应显示，控制信号为 DS，输出为 DIS。

4 数字 LED 显示采用前面实验中的 4 位 LED 电路模块，其相应的 VerilogHDL 设计也完全相同，在此不再赘述。

从上述分析可知，只需设计控制状态机，利用前述的模块设计(BCD 计数器、16 位寄存器、比较器、数据选择器等均有现成模块可以例化)，在 EDA 工具中采用图文结合的方法可以很快完成系统设计。

在 SmartDesign 中的连线图如图 5-67 所示。

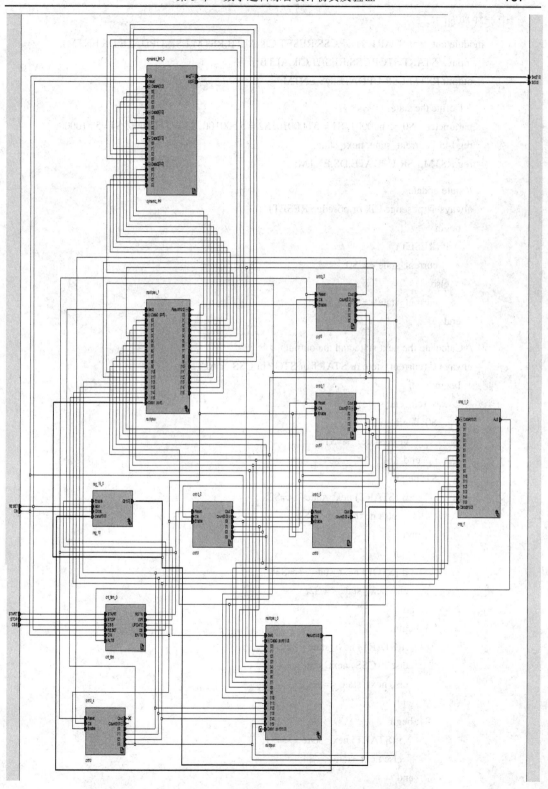

图 5-67　连线图

主要代码如下：

```verilog
module cnt_fsm(START,STOP,CSS,RESET,Clk,ALTB,RSTM,LSR,UPDATE,DS,ENTM);
   input   START,STOP,CSS,RESET,Clk,ALTB;
   output RSTM,LSR,UPDATE,DS,ENTM;

   // Define the states
   parameter   S0 =5'b00001, S1 = 5'b00010, S2 = 5'b00100, S3 = 5'b01000, S4 =5'b10000;
   reg [4:0] current_state, next_state;
   reg RSTM,LSR,UPDATE,DS,ENTM;

   // state update
   always @(posedge Clk or posedge RESET)
     begin
       if (RESET)
         current_state <= S0;
       else
         current_state <= next_state;
     end

   // Calculate the next state and the outputs,
   always @(current_state or START or STOP or CSS or ALTB)
     begin:fsmtr
       case (current_state)
         S0: begin
               next_state   <=S1;
             end
         S1: begin
               if (START) next_state   <=S2;
                 else next_state <= S1;
             end
         S2: begin
               if (STOP) next_state   <=S3;
               else next_state <= S2;
             end
         S3: begin
               if(START) next_state   <=S1;
               else if(CSS) next_state <=S4;
               else next_state <= S3;
             end
          S4: begin
               if(START) next_state   <=S1;
               else next_state <= S4;
             end
          default:next_state <= S0;
       endcase
```

```
            end

      always @(current_state)
          begin
            LSR<=1'b0;
            RSTM<=1'b0;
            ENTM<=1'b0;
            DS<= 1'b0;
            UPDATE<= 1'b1;
            case (current_state)
              S0: begin
                    LSR<=1'b1;
                  end
              S1: begin
                    RSTM<=1'b1;
                  end
              S2: begin
                    ENTM<=1'b1;
                  end
              S3: begin
                    DS<= 1'b0;
                  end
              S4: begin
                    if(ALTB) begin UPDATE<= 1'b0;LSR<= 1'b1;end
                    else DS <= 1'b1;
                  end
              default:;
            endcase
          end
      endmodule
```

6) 功能验证

功能仿真结果如图 5-68 所示。

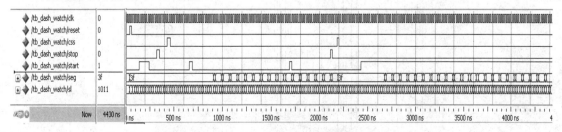

图 5-68 功能仿真结果

7) 综合结果

综合结果 RTL 视图如图 5-69 所示。

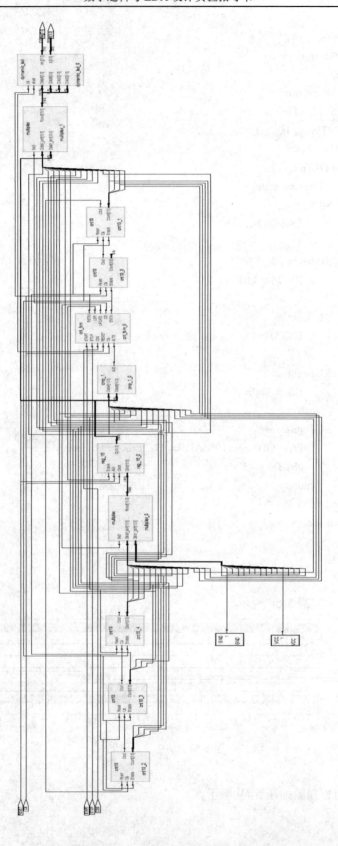

图 5-69　综合结果 RTL 视图

附录 A   Actel A3P030 芯片资料

高性能、低成本，替代ASIC的上佳选择

Flash FPGA的ProASIC3/E系列器件在价格、性能和门密度方面有着重大突破，并提供了时下应用所要求的各种功能。M1和M7 ProASIC3/E内置了ARM软核，编程非常方便，此外，它以ASIC的单位成本提供更快的产品上市速度。 ProASIC3/E系列器件基于Flash架构，掉电非易失性，支持3万到300万门密度和多达620个高性能I/O端口。

一颗可嵌入ARM软核的FPGA已经面世

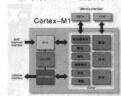

◎ 免授权许可费用；
◎ 无缝移植现有的Thumb代码；
◎ Thumb2指令集；
◎ ARMV6-M指令结构
◎ 高达72MHz速度；
◎ 更低的资源占用，仅4500Tile；
◎ 免费调试和开发软件

◎ 免授权许可费用；
◎ 与ARM7TDMI-S兼容；
◎ 32位ARM指令集；
◎ 16位Thumb指令集；
◎ 嵌入式实时调试；
◎ 集成化的FPGA设计和调试工具；
◎ 实现设计流程的无缝衔接。

单一芯片，最低成本，量产型FPGA解决方案

◎ 最低的单位成本；
◎ 最低的系统成本；
◎ 单一芯片，可实现在系统编程；
◎ 等效系统门数可达300万门；
◎ 运行频率可达350MHz；
◎ 带128位FlashLock 和AES加密功能；
◎ 固件错误免疫，高可靠性。

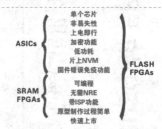

选型指南

ProASIC3/E 系列	A3P015	A3P030	A3P060	A3P125	A3P250	A3P400	A3P600	A3P1000	A3PE600	A3PE1500	A3PE3000
带 ARM7 器件								M7 A3P 1000			
带 CortexM1 器件					M1 A3P 250		M1 A3P-600	M1 A3P 1000		M1 A3PE 1500	M1 A3PE 3000
系统门密度	15K	30 k	60 k	125 k	250 k	400 k	600 k	1 M	600 k	1.5 M	3 M
典型等效容量单元	128	256	512	1,024	-	-	-	-	-	-	-
VersaTile（D 触发器）	364	768	1,536	3,072	6,144	9,216	13,824	24,576	13,824	38,400	75,264
RAM 容量(1,024 bits)	-	-	18	36	36	54	108	144	108	252	504
4,608 位 RAM 块	-	-	4	8	8	12	24	32	24	60	112
FlashROM(bits)	1 k	1 k	1 k	1 k	1 k	1 k	1 k	1 k	1 k	1 k	1 k
(AES) ISP*	No	No	Yes	Yes	Yes	Yes	Yes	Yes	Yes	Yes	Yes
PLL	-	-	1	1	1	1	1	1	6	6	6
全局网络数目(VersaNet)	6	6	18	18	18	18	18	18	18	18	18
I/O Banks	2	2	2	2	4	4	4	4	8	8	8
I/O 电平标准	Std.& Hot Swap	Std.& Hot Swap	Std.+	Std.+	Std.+/ LVDS	Std.+/LVDS	Std./LVDS	Std./LVDS	Pro	Pro	Pro
速度等级	-F,Std.	-F,Std.,-1,	-F,Std.,-1	-F,Std.	-F,Std./	-F,Std.,-1,-2	-F,Std.,	-F,Std.,	-F,Std.,	-F,Std.,	-F,Std.,
		-2	-2	-1,-2	-1,-2		-1,-2	-1,-2	-1,-2	-1,-2	-1,-2
温度等级	C,I	C,I	C,I,T	C,I,T	C,I,T	C,I	C,I,T,M	C,I	C,I	C,I	C,I
最大用户可用 I/O	49	81	96	133	157	194	235	300	49	81	96
最大用户可用 I/O (Die)		83	96	157							
单端 I/O/差分 I/O 对数目											
QN48		34									
QN68	49	49									
VQ100		77	71	71	68/13*						
QN132		81	80	84	87/19						
TQ144			91	100							
FG144			96	97	97/24	97/25	97/25	97/25			
FG324										221/110	
PQ208				133	151/34	151/34	154/35	154/35	147/65	147/65	147/65
FG256					157/34*	178/38	177/43	177/44	165/79		
FG484						194/38	235/65	300/74	270/135	290/139	314/168
FG676										444/222	
FG896											620/310

★ 1、带ARM的ProASIC3不支持AES功能。 2、M1A3P250器件不支持该封装。

附录 B　基于 Actel A3P030 的 FPGA 核心板引脚对应表

B.1　FPGA 核心板已占用的引脚对应表

序号	标注	FPGA 引脚	功能
1	CLOCK	13	FPGA 时钟输入
2	RESET	64	FPGA 复位信号
3	GND	12	接地
4	TCK	47	烧录所需的下载端口
5	TDO	54	烧录所需的下载端口
6	TMS	49	烧录所需的下载端口
7	TDI	48	烧录所需的下载端口
8	TEST	55	烧录所需的下载端口

B.2　FPGA 扩展板引脚对应表

模块	FPGA 引脚	独立器件引脚（输入引脚）	功能说明	FPGA 引脚	独立器件引脚（输出引脚）	功能说明
3-8 译码器	FPGA_2	74HC138_1	A0	FPGA_93	74HC138_15	$\overline{Y0}$
	FPGA_3	74HC138_2	A1	FPGA_94	74HC138_14	$\overline{Y1}$
	FPGA_4	74HC138_3	A2	FPGA_95	74HC138_13	$\overline{Y2}$
	FPGA_5	74HC138_4	$\overline{E1}$	FPGA_96	74HC138_12	$\overline{Y3}$
	FPGA_6	74HC138_5	$\overline{E2}$	FPGA_97	74HC138_11	$\overline{Y4}$
	FPGA_7	74HC138_6	E3	FPGA_98	74HC138_10	$\overline{Y5}$
				FPGA_99	74HC138_9	$\overline{Y6}$
				FPGA_100	74HC138_7	$\overline{Y7}$
2× D 触发器	FPGA_30	74HC74_1	$1\overline{R}$	FPGA_72	74HC74_5	1Q
	FPGA_34	74HC74_2	1D	FPGA_73	74HC74_6	$1\overline{Q}$
	FPGA_28	74HC74_3	1CP	FPGA_75	74HC74_9	2Q
	FPGA_32	74HC74_4	$1\overline{S}$	FPGA_76	74HC74_8	$2\overline{Q}$
	FPGA_31	74HC74_13	$2\overline{R}$			
	FPGA_35	74HC74_12	2D			
	FPGA_29	74HC74_11	2CP			
	FPGA_33	74HC74_10	$2\overline{S}$			

模块	FPGA 引脚	独立器件引脚（输入引脚）	功能说明	FPGA 引脚	独立器件引脚（输出引脚）	功能说明
显示译码器	FPGA_8	74HC4511_7	A	FPGA_82	74HC4511_13	a
	FPGA_10	74HC4511_1	B	FPGA_83	74HC4511_12	b
	FPGA_11	74HC4511_2	C	FPGA_84	74HC4511_11	c
	FPGA_59	74HC4511_6	D	FPGA_85	74HC4511_10	d
	FPGA_15	74HC4511_3	$\overline{LT}$	FPGA_86	74HC4511_9	e
	FPGA_21	74HC4511_4	$\overline{BI}$	FPGA_90	74HC4511_15	f
	FPGA_16	74HC4511_5	LE	FPGA_91	74HC4511_14	g
				FPGA_92	/	dp
4 位计数器	FPGA_22	74HC161_1	$\overline{MR}$	FPGA_78	74HC161_14	Q0
	FPGA_65	74HC161_2	CP	FPGA_79	74HC161_13	Q1
	FPGA_24	74HC161_3	D0	FPGA_80	74HC161_12	Q2
	FPGA_25	74HC161_4	D1	FPGA_81	74HC161_11	Q3
	FPGA_26	74HC161_5	D2	FPGA_69	74HC161_15	TC
	FPGA_27	74HC161_6	D3			
	FPGA_19	74HC161_7	CEP			
	FPGA_20	74HC161_10	CET			
	FPGA_23	74HC161_9	$\overline{PE}$			

续表

	输入引脚			输出引脚			输入引脚			输出引脚		
	FPGA 引脚	独立器件 引脚	功能 说明	FPGA 引脚	独立器件 引脚	功能 说明	FPGA 引脚	独立器件 引脚	功能 说明	FPGA 引脚	独立器件 引脚	功能 说明
4 位 双 向 移 位 寄 存 器	FPGA_44	74HC194_1	$\overline{MR}$	FPGA_70	74HC194_15	Q0						
	FPGA_43	74HC194_2	DSR	FPGA_71	74HC194_14	Q1						
	FPGA_40	74HC194_3	D0	FPGA_74	74HC194_13	Q2						
	FPGA_41	74HC194_4	D1	FPGA_77	74HC194_12	Q3						
	FPGA_45	74HC194_5	D2									
	FPGA_46	74HC194_6	D3									
	FPGA_42	74HC194_7	DSL									
	FPGA_57	74HC194_9	S0									
	FPGA_58	74HC194_10	S1									
	FPGA_63	74HC194_11	CP									

B.3　门电路核心板引脚对应表

门类型	FPGA引脚 (输入引脚)	独立器件引脚	功能说明	FPGA引脚 (输出引脚)	独立器件引脚	功能说明	门类型	FPGA引脚 (输入引脚)	独立器件引脚	功能说明	FPGA引脚 (输出引脚)	独立器件引脚	功能说明
4×2输入与非门	FPGA_2	74HC00_1	1A	FPGA_100	74HC00_3	1Y	4×2输入与门	FPGA_30	74HC08_1	1A	FPGA_83	74HC08_3	1Y
	FPGA_3	74HC00_2	1B	FPGA_99	74HC00_6	2Y		FPGA_31	74HC08_2	1B	FPGA_82	74HC08_6	2Y
	FPGA_4	74HC00_4	2A	FPGA_98	74HC00_8	3Y		FPGA_32	74HC08_4	2A	FPGA_81	74HC08_8	3Y
	FPGA_5	74HC00_5	2B	FPGA_97	74HC00_11	4Y		FPGA_33	74HC08_5	2B	FPGA_80	74HC08_11	4Y
	FPGA_6	74HC00_9	3A					FPGA_34	74HC08_9	3A			
	FPGA_7	74HC00_10	3B					FPGA_35	74HC08_10	3B			
	FPGA_8	74HC00_12	4A					FPGA_36	74HC08_12	4A			
	FPGA_10	74HC00_13	4B					FPGA_40	74HC08_13	4B			
4×2输入或非门	FPGA_11	74HC02_2	1A	FPGA_96	74HC02_1	1Y	4×2输入或门	FPGA_41	74HC32_1	1A	FPGA_79	74HC32_3	1Y
	FPGA_15	74HC02_3	1B	FPGA_95	74HC02_4	2Y		FPGA_42	74HC32_2	1B	FPGA_78	74HC32_6	2Y
	FPGA_16	74HC02_5	2A	FPGA_94	74HC02_10	3Y		FPGA_43	74HC32_4	2A	FPGA_77	74HC32_8	3Y
	FPGA_19	74HC02_6	2B	FPGA_93	74HC02_13	4Y		FPGA_44	74HC32_5	2B	FPGA_76	74HC32_11	4Y
	FPGA_20	74HC02_8	3A					FPGA_45	74HC32_9	3A			
	FPGA_21	74HC02_9	3B					FPGA_46	74HC32_10	3B			
	FPGA_22	74HC02_11	4A					FPGA_57	74HC32_12	4A			
	FPGA_23	74HC02_12	4B					FPGA_58	74HC32_13	4B			

续表

器件	FPGA 引脚	独立器件引脚	功能说明	FPGA 引脚	独立器件引脚	功能说明
	输入引脚			输出引脚		
6×单输入非门	FPGA_24	74HC04_1	1A	FPGA_92	74HC04_2	1Y
	FPGA_25	74HC04_3	2A	FPGA_91	74HC04_4	2Y
	FPGA_26	74HC04_5	3A	FPGA_90	74HC04_6	3Y
	FPGA_27	74HC04_9	4A	FPGA_86	74HC04_8	4Y
	FPGA_28	74HC04_11	5A	FPGA_85	74HC04_10	5Y
	FPGA_29	74HC04_13	6A	FPGA_84	74HC04_12	6Y

器件	FPGA 引脚	独立器件引脚	功能说明	FPGA 引脚	独立器件引脚	功能说明
	输入引脚			输出引脚		
4×2输入异或门	FPGA_59	74HC86_1	1A	FPGA_75	74HC86_3	1Y
	FPGA_60	74HC86_2	1B	FPGA_74	74HC86_6	2Y
	FPGA_61	74HC86_4	2A	FPGA_73	74HC86_8	3Y
	FPGA_62	74HC86_5	2B	FPGA_72	74HC86_11	4Y
	FPGA_63	74HC86_9	3A			
	FPGA_65	74HC86_10	3B			
	FPGA_69	74HC86_12	4A			
	FPGA_70	74HC86_13	4B			

B.4　组合电路核心板引脚对应表

器件	FPGA 引脚	独立器件引脚	功能说明	FPGA 引脚	独立器件引脚	功能说明
	输入引脚			输出引脚		
4位全加器	FPGA_2	74HC283_5	A1	FPGA_100	74HC283_4	S1
	FPGA_3	74HC283_3	A2	FPGA_99	74HC283_1	S2
	FPGA_4	74HC283_14	A3	FPGA_98	74HC283_13	S3
	FPGA_5	74HC283_12	A4	FPGA_97	74HC283_10	S4
	FPGA_6	74HC283_6	B1	FPGA_96	74HC283_9	Cout
	FPGA_7	74HC283_2	B2			
	FPGA_8	74HC283_15	B3			
	FPGA_10	74HC283_11	B4			
	FPGA_11	74HC283_7	Cin			

器件	FPGA 引脚	独立器件引脚	功能说明	FPGA 引脚	独立器件引脚	功能说明
	输入引脚			输出引脚		
8-3编码器	FPGA_34	74HC148_11	1	FPGA_81	74HC148_9	A0
	FPGA_35	74HC148_12	2	FPGA_80	74HC148_7	A1
	FPGA_36	74HC148_13	3	FPGA_79	74HC148_6	A2
	FPGA_40	74HC148_1	4	FPGA_78	74HC148_15	E0
	FPGA_41	74HC148_2	5	FPGA_77	74HC148_14	GS
	FPGA_42	74HC148_3	6			
	FPGA_43	74HC148_4	7			
	FPGA_44	74HC148_10	0			
	FPGA_45	74HC148_5	EI			

续表

分类	FPGA 引脚	独立器件引脚（输入引脚）	功能说明	FPGA 引脚	独立器件引脚（输出引脚）	功能说明	分类	FPGA 引脚	独立器件引脚（输入引脚）	功能说明	FPGA 引脚	独立器件引脚（输出引脚）	功能说明
4 位比较器	FPGA_15	74HC85_2	A<B	FPGA_95	74HC85_5	A<B	双 4 选 1 数据选择器	FPGA_46	74HC153_1	$\overline{1E}$	FPGA_76	74HC153_7	1Y
	FPGA_16	74HC85_3	A=B	FPGA_94	74HC85_6	A=B		FPGA_57	74HC153_15	$\overline{2E}$	FPGA_75	74HC153_9	2Y
	FPGA_19	74HC85_4	A>B	FPGA_93	74HC85_7	A>B		FPGA_58	74HC153_14	S0			
	FPGA_20	74HC85_10	A0					FPGA_59	74HC153_2	S1			
	FPGA_21	74HC85_12	A1					FPGA_60	74HC153_6	1I0			
	FPGA_22	74HC85_13	A2					FPGA_61	74HC153_5	1I1			
	FPGA_23	74HC85_15	A3					FPGA_62	74HC153_4	1I2			
	FPGA_24	74HC85_9	B0					FPGA_63	74HC153_3	1I3			
	FPGA_25	74HC85_11	B1					FPGA_65	74HC153_10	2I0			
	FPGA_26	74HC85_14	B2					FPGA_69	74HC153_11	2I1			
	FPGA_27	74HC85_1	B3					FPGA_70	74HC153_12	2I2			
3-8 译码器	FPGA_28	74HC138_1	A0	FPGA_92	74HC138_15	$\overline{Y0}$		FPGA_71	74HC153_13	2I3			
	FPGA_29	74HC138_2	A1	FPGA_91	74HC138_14	$\overline{Y1}$							
	FPGA_30	74HC138_3	A2	FPGA_90	74HC138_13	$\overline{Y2}$							
	FPGA_31	74HC138_4	$\overline{E1}$	FPGA_86	74HC138_12	$\overline{Y3}$							
	FPGA_32	74HC138_5	$\overline{E0}$	FPGA_85	74HC138_11	$\overline{Y4}$							
	FPGA_33	74HC138_6	$\overline{E3}$	FPGA_84	74HC138_10	$\overline{Y5}$							
				FPGA_83	74HC138_9	$\overline{Y6}$							
				FPGA_82	74HC138_7	$\overline{Y7}$							

B.5　时序电路核心板引脚对应表

器件	FPGA引脚(输入)	独立器件输入引脚	功能说明	FPGA引脚(输出)	独立器件输出引脚	功能说明	器件	FPGA引脚(输入)	独立器件输入引脚	功能说明	FPGA引脚(输出)	独立器件输出引脚	功能说明
2×D触发器	FPGA_2	74HC74_1	$1\overline{R}$	FPGA_100	74HC74_5	1Q	4位异步复位计数器	FPGA_26	74HC161_1	$\overline{MR}$	FPGA_92	74HC161_14	Q0
	FPGA_3	74HC74_2	1D	FPGA_99	74HC74_6	$1\overline{Q}$		FPGA_27	74HC161_2	CP	FPGA_91	74HC161_13	Q1
	FPGA_4	74HC74_3	1CP	FPGA_98	74HC74_9	2Q		FPGA_28	74HC161_3	D0	FPGA_90	74HC161_12	Q2
	FPGA_5	74HC74_4	$1\overline{S}$	FPGA_97	74HC74_8	$2\overline{Q}$		FPGA_29	74HC161_4	D1	FPGA_86	74HC161_11	Q3
	FPGA_6	74HC74_13	$2\overline{R}$					FPGA_30	74HC161_5	D2	FPGA_85	74HC161_15	TC
	FPGA_7	74HC74_12	2D					FPGA_31	74HC161_6	D3			
	FPGA_8	74HC74_11	2CP					FPGA_32	74HC161_7	CEP			
	FPGA_10	74HC74_10	$2\overline{S}$					FPGA_33	74HC161_10	CET			
								FPGA_34	74HC161_9	$\overline{PE}$			
2×JK触发器	FPGA_11	74HC112_1	$1\overline{CP}$	FPGA_96	74HC112_5	1Q	4位双向移位寄存器	FPGA_35	74HC194_1	$\overline{MR}$	FPGA_84	74HC194_15	Q0
	FPGA_15	74HC112_2	1K	FPGA_95	74HC112_6	$1\overline{Q}$		FPGA_36	74HC194_2	DSR	FPGA_83	74HC194_14	Q1
	FPGA_16	74HC112_3	1J	FPGA_94	74HC112_9	2Q		FPGA_40	74HC194_3	D0	FPGA_82	74HC194_13	Q2
	FPGA_19	74HC112_4	$1\overline{SD}$	FPGA_93	74HC112_7			FPGA_41	74HC194_4	D1	FPGA_81	74HC194_12	Q3
	FPGA_20	74HC112_15	$1\overline{RD}$					FPGA_42	74HC194_5	D2			
	FPGA_21	74HC112_13	$2\overline{CP}$					FPGA_43	74HC194_6	D3			
	FPGA_22	74HC112_12	2K					FPGA_44	74HC194_7	DSL			
	FPGA_23	74HC112_11	2J					FPGA_45	74HC194_9	S0			
	FPGA_24	74HC112_10	$2\overline{SD}$					FPGA_46	74HC194_10	S1			
	FPGA_25	74HC112_14	$2\overline{RD}$					FPGA_57	74HC194_11	CP			

附录 C FPGA 扩展实验板设计说明

以下介绍的内容主要用于综合实验中相应 74 系列芯片的替代。在这个工程文件中，主要包含了 74HC4511、74HC161、74HC74、74HC138、74HC194 这几个实体模块。

(1) 在本工程文件中，打开 SmartDesign 的视图，可以看见如图 C-1 所示画面，里边已经包含了 74HC4511、74HC161、74HC74、74HC138、74HC194 这几个实体模块。

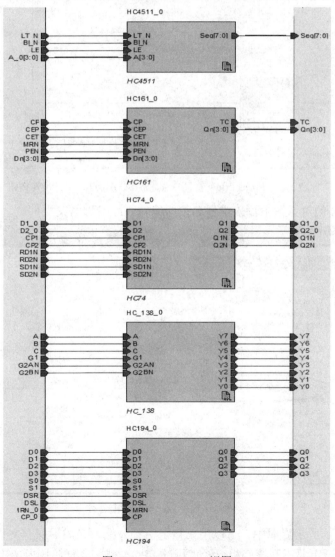

图 C-1 SmartDesign 视图

(2) 在 Project flow 视图中点选"I/O Attribute Editor"按钮，如图 C-2 所示。

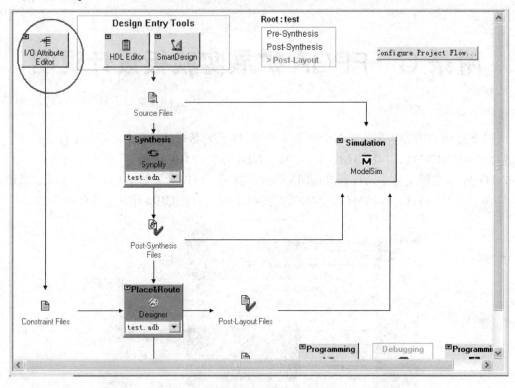

图 C-2 在 Project flow 视图中点选"I/O Attribute Editor"按钮

(3) 在图 C-3 的对话框中输入文件名，即编辑 pdc 引脚约束文件。

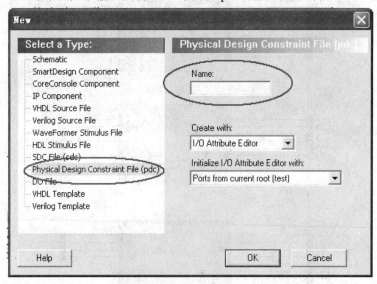

图 C-3 编辑 pdc 引脚约束文件

(4) 在图 C-4 所示界面中，可以手工指定引脚分配，完成后保存文件。值得注意的是在分配引脚时，一定要避开核心板已经占用的 FPGA 引脚，详见附录 B.1 的相关内容。

test	Port Name	Group	Macro Cell	Direction	Pin Number	Locked	Bank Name	I/O Standard	Output Drive (mA)
2	A_0[0]			Input	8	☑	Bank1	LVTTL	--
3	A_0[1]			Input	10	☑	Bank1	LVTTL	--
4	A_0[2]			Input	11	☑	Bank1	LVTTL	--
5	A_0[3]			Input	12	☑	Bank1	LVTTL	--
6	B			Input	3	☑	Bank1	LVTTL	--
7	BI_N			Input	14	☑	Bank1	LVTTL	--
8	C			Input	4	☑	Bank1	LVTTL	--
9	CEP			Input	19	☑	Bank1	LVTTL	--
10	CET			Input	20	☑	Bank1	LVTTL	--
11	CP			Input	21	☑	Bank1	LVTTL	--
12	CP1			Input	28	☑	Bank1	LVTTL	--
13	CP2			Input	29	☑	Bank1	LVTTL	--
14	CP_0			Input	36	☑	Bank1	LVTTL	--
15	D0			Input	40	☑	Bank1	LVTTL	--
16	D1			Input	41	☑	Bank1	LVTTL	--
17	D1_0			Input	34	☑	Bank1	LVTTL	--
18	D2			Input	45	☑	Bank1	LVTTL	--
19	D2_0			Input	35	☑	Bank1	LVTTL	--
20	D3			Input	46	☑	Bank1	LVTTL	--

图 C-4 手工指定引脚分配

(5) 然后进行综合，综合通过后进入布局布线流程，工具会提示相应约束文件的加载，如图 C-5 所示。

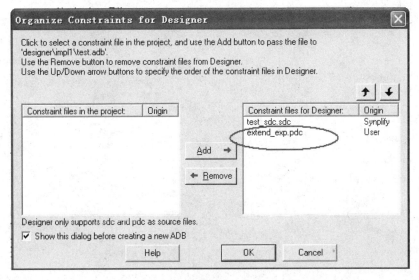

图 C-5 加载相应约束文件

(6) 在复杂设计中，系统各种时钟信号的引脚分配会出现问题，可以在编译前将图 C-6 中提示框前的勾选取消，让工具对敏感时钟进行自动分配。

注意：去掉图中红圈的勾以后，工具会自动为相应 IO 分配引脚。如果工具仍然报错，就要手工进行调整了。一旦布局布线成功，相应的约束文件就可以直接使用了。

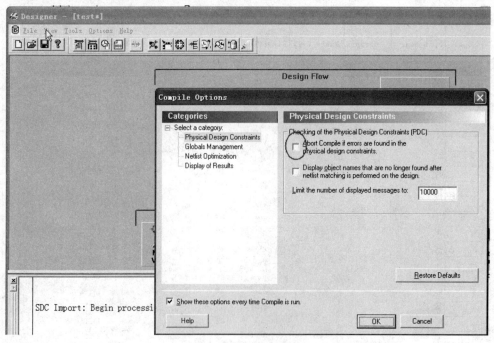

图 C-6　编译选项

参 考 文 献

[1]　[加]Stephen Brown, [加]Zvonko Vranesic，夏宇闻 等，译.数字逻辑基础与 Verilog 设计 (2 th ed)[M]. 北京:机械工业出版社，2008.

[2]　[美]David Money Harris　Sarah L. Harris，陈虎 等，译.数字设计和计算机体系结构[M]. 北京：机械工业出版社，2009.

[3]　余孟尝.数字电子技术基础简明教程(3 版). 北京：高等教育出版社，2006.

[4]　蒋立平.数字逻辑电路与系统设计[M]. 北京: 电子工业出版社.2008.

[5]　[美]J.BHASKER.　Verilog HDL 入门(3 版)[M]，夏宇闻，译．北京：北京航空航天 大学出版社，2008.

[6]　乔庐峰. Verilog HDL 数字系统设计与验证[M]. 北京：电子工业出版社，2009.

[7]　刘秋云，王佳. Verilog HDL 设计实践与指导[M]. 北京：机械工业出版社，2005.

[8]　夏宇闻. Verilog 数字系统设计教程(2 版)[M]. 北京：北京航空航天大学出版社，2008.

[9]　黄智伟. FPGA 系统设计与实践[M]. 北京：电子工业出版社，2005.

[10]　刘福奇，刘波. Verilog HDL 应用程序设计实例精讲[M]. 北京：电子工业出版社，2009.

[11]　贺敬凯. Verilog HDL 数字设计教程[M]. 西安：西安电子科技大学出版社，2010.

[12]　[美] Michael D. Ciletti. Verilog HDL 高级数字设计[M]，张雅绮，李铿 等，译.北京：电子工业出版社，2005.

[13]　Michael D. Cilett. Advanced Digital Design with the Verilog HDL(2 th ed)[M]. 北京：电子工业出版社，2010.

[14]　秦曾煌，姜三勇. 电工学(7 版下册 电子技术)[M] . 北京：高等教育出版社，2009.

[15]　王玉龙. 数字逻辑[M] . 北京：高等教育出版社，2001.

[16]　马光胜，冯刚.Soc 设计与 IP 核重用技术[M]. 北京：国防工业出版社，2006.

[17]　[美] Uwe Meyer-Baese. 数字信号处理的 FPGA 实现[M]，刘凌，译.北京：清华大学出版社，2006.

[18]　田耘，徐文波，张延伟. 无线通信 FPGA 设计[M]. 北京：电子工业出版社，2008.

[19]　Greg Osbom. 嵌入式微控制器与处理器设计(英文版)[M]. 北京：机械工业出版社，2010.

[20]　M.Morris Mano,Charles R.Kime. 逻辑与计算机设计基础(4 th ed)[M]. 北京：机械工业出版社，2010.

[21]　林容益.CPU/SOC 及外围电路应用设计——基于 FPGA/CPLD[M]. 北京：北京航空航天大学出版社，2004.

[22]　邹雪城，雷鑑铭，等.VLSI 设计方法与项目实施[M]. 北京：科学出版社，2007.

[23]　廖裕评，陆瑞强.CPLD 数字电路设计——使用 Max+plus II[M]. 北京：清华大学出版社，2001.

[24]　李庆常，王美玲.数字电子技术基础(3 版)[M]. 北京：机械工业出版社，2008.

[25] 杨刚, 龙海燕.现代电子技术——VHDL 与数字系统设计[M]. 北京：电子工业出版社, 2004.

[26] 施国勇.数字信号处理 FPGA 电路设计[M]. 北京：高等教育出版社, 2010.

[27] [日]谷萩隆嗣.VLSI 与数字信号处理[M]. 北京：科学出版社, 2003.

[28] 徐光辉, 程东旭, 等. 基于 FPGA 的嵌入式开发与应用[M]. 北京：电子工业出版社, 2006.

[29] 孟宪元, 钱伟康.FPGA 嵌入式系统设计[M]. 北京：电子工业出版社, 2007.

[30] EDA 先锋工作室. Altera FPGA/CPLD 设计(基础篇)[M]. 北京：人民邮电出版社, 2005.

[31] EDA 先锋工作室. Altera FPGA/CPLD 设计(高级篇)[M]. 北京：人民邮电出版社, 2005.

[32] 牛风举, 刘元成, 等. 基于 IP 复用的数字 IC 设计技术[M]. 北京：电子工业出版社, 2003.

[33] 李洪革.FPGA/ASIC 高性能数字系统设计[M]. 北京：电子工业出版社, 2011.

[34] 求是科技.CPLD/FPGA 应用开发技术与工程实践[M]. 北京：人民邮电出版社, 2005.

[35] 张洪润, 张亚凡, 等. FPGA/CPLD 应用设计 200 例(上、下册)[M]. 北京：北京航空航天大学出版社, 2009.

[36] 潘松, 黄继业, 等.EDA 技术与 Verilog HDL[M]. 北京：清华大学出版社, 2010.

[37] 王志功, 朱恩.VLSI 设计[M]. 北京：电子工业出版社, 2005.

[38] 李方明.电子设计自动化技术及应用[M]. 北京：清华大学出版社, 2006.

[39] Actel Corporation . Libero IDE v9.1 User's guide [M/OL]. [2011-10-30]. http://www.actel.com/ documents/libero_ug.pdf.

[40] Synopsys, Inc. Synopsys FPGA Synthesis Synplify Pro for Actel Edition Reference[M/OL] . [2011-10-30].http://www.actel.com /documents /Synplify% 20Pro % 20SE %20Reference%20Manual.pdf.

[41] Actel Corporation . ProASIC3 Flash Family FPGAs with Optional Soft ARM Support[M/OL] . [2011-10-30] .http://www.actel.com/documents/ PA3_DS.pdf.

[42] Synopsys, Inc [EB/OL] . [2011-10-30] .http://www.synopsys.com/home.aspx.

[43] Mentor Graphics [EB/OL]   .[2011-10-30]. http://www.mentor.com/.

[44] Geeknet,Inc [EB/OL]   .[2011-10-30].http://sourceforge.net/.

[45] 北京交通大学.国家电工电子实验教学示范中心 [EB/OL] . [2011-10-30]. http://202.112.146.13/sfzx/index.htm

[45] 可编程逻辑器件中文网站.freeIP 与参考设计. [EB/OL] . [2003-4-14]. http://www.fpga.com.cn/freeip.htm

[46] University of Colorado at Colorado Springs . Michael D. Ciletti. [EB/OL]. [2011-10-30]. http://www.eas.uccs.edu/ciletti/